中国电力出版社
CHINA ELECTRIC POWER PRESS

内容提要

本书以家具构成的设计方法、创意表现为编写核心，包括：概论、家具的发展历程、家具构成设计要素、家具结构设计、家具构成形式设计、家具构成设计程序。书中选编了当代国内外极具创意的设计作品和高校艺术设计专业学生的家具设计作业，具有直观性，凸显了现代家具设计教学的专业特色。全书内容新颖，理论联系实际，文字通俗易懂，图文并茂。本书适合作为各类大专院校家具设计、室内设计、环境艺术设计等相关专业的基础教材，也适合家具设计师及艺术设计爱好者自学使用。

图书在版编目（CIP）数据

家具构成设计 / 王默根，赵丹编著. —北京：中国电力出版社，2012.2

ISBN 978-7-5123-2685-9

Ⅰ. ①家… Ⅱ. ①王… ②赵… Ⅲ. ①家具－结构设计－高等学校－教材 Ⅳ. ①TS664.01

中国版本图书馆CIP数据核字（2012）第022420号

中国电力出版社出版发行
北京市东城区北京站西街19号　100005　http://www.cepp.sgcc.com.cn
责任编辑：王　倩
责任印制：蔺义舟　责任校对：闫秀英
北京盛通印刷股份有限公司印刷·各地新华书店经售
2012年7月第1版·第1次印刷
889mm×1194mm 1/16·6.75印张·220千字
定价：45.00元

前 言

随着我国经济、科技、文化的迅猛发展，以及社会物质和精神文化水平的不断提高，人们对家具设计提出了更高的要求。艺术设计教育如何顺应社会的发展，确立一套更科学、更完善的新的教学体系，同时提高设计专业的教学质量，成为高等院校面临的一大课题。本书正是根据社会发展的需要，拓展和延伸了家具设计的知识领域。

本书编写过程中，作者以家具构成设计方法、创意表现为编写核心，内容新颖，理论联系实际，文字通俗易懂，图文并茂。同时，书中还选编了当代国内外极具创意的设计作品和高校艺术设计专业学生的家具设计构成作品，具有直观性，凸显了现代家具设计教学的专业特色。

本书将为艺术设计院校的学生、从事家具设计的设计师以及广大家具设计爱好者提供一定的参考，对其设计实践起到一定的指导作用。

目　录

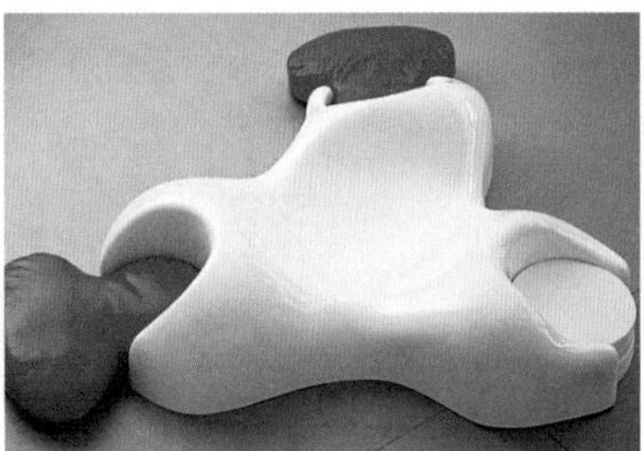

第 1 章　概论

家具是人类社会文化不断发展的见证，不同时期、不同时代的家具发展都伴随着人类前进的步伐。从原始社会到今天，人类社会中的每一次重大发展，都能从家具设计的形式中体现出来，可以说家具设计演绎着人类文明的发展进程。从远古的家具到今天多姿多彩的现代家具，这一过程经历了几千年中无数次大的变革，无论在材料加工、功能形式、工艺技术、风格和制造水平上都发生着重大变化。这种变化反映了不同国家和地区在不同历史时期的社会生活方式、社会物质文明水平以及历史文化特征。从另一种角度上看，家具可以反映出一个国家或地区不同历史时期社会生产力的发展水平，是当时社会生产力水平的一个缩影，它体现了丰富而深刻的社会性。

图1

图2

图3

图1　金属管与织物材料结合设计的座椅

图2　彩绘小桌，具有现代气息

图3　法国设计师作品
装饰彩绘家具

一、家具设计的概念

家具一词，从字义上说，是家用的器具，主要是供人们在生活、工作和社会交往中坐、卧和存储物品用的器具和设备。家具设计是一个融合了设计构思、物质材料以及色彩、线型、空间等要素，展示在人们面前的具体造型。涉及的概念应包含家具设计的精神概念、家具设计的民族概念、家具设计的空间概念和家具设计的整体概念几个方面的内容。

家具的精神概念的内涵更多体现在家具设计的审美特性上，设计师在设计过程中应更多地研究和探讨审美在家具设计中的作用，如何把自然美、形式美和艺术美很好地结合在一起。在设计实践中注重积累经验，反复修正，这样才能不断提高设计师的艺术修养，在家具设计中创造出美的家具造型。

同时，家具设计在民族文化和地域特征上扮演着不可替代的角色，不同时期、不同时代的民族文化，在家具设计上都表现出很明显的特征，尤其是在家具的审美情趣上，更要充分体现出不同民族历史文化的积淀。西方家具和中式家具有着很大的差异，这说明民族概念在家具设计上的重要性。随着科学技术的迅速发展，人类步入了一个高科技信息时代，各民族间的差异不断缩小，国际风格的家具在不断涌现，新材料、新工艺、完美的造型设计，现代的色彩已成为全世界的共同的设计语言。

家具的空间概念是指家具在室内环境中所占的空间比例关系。设计师在设计之前要有空间观念和空间想象力。在摆放家具前，要对摆放后的空间效果有一定预期的估想，这可以通过家具自身的比例、家具和室内空间的比例、家具和人的比例来把握，使家具和环境形成谐调的空间关系。家具设计的整体概念应从家具形体构成要素中来考虑，家具的构成是由点、线、面、体组成的，是从纯粹的形态方面研究人的视觉感受，从而把握家具造型方面的规律。所以，在设计过程中，要全面考虑和巧妙地处理好这些关系，打破旧的、传统的设计观念，创造出新型的、具有时代特色的家具造型设计。

图1

图1 米兰设计师作品（酷似人体的造型，黑白装饰极具时代感）

图2 木扶手椅

图3 透空表现手法在沙发设计中并不常见，这款沙发使人耳目一新

图2

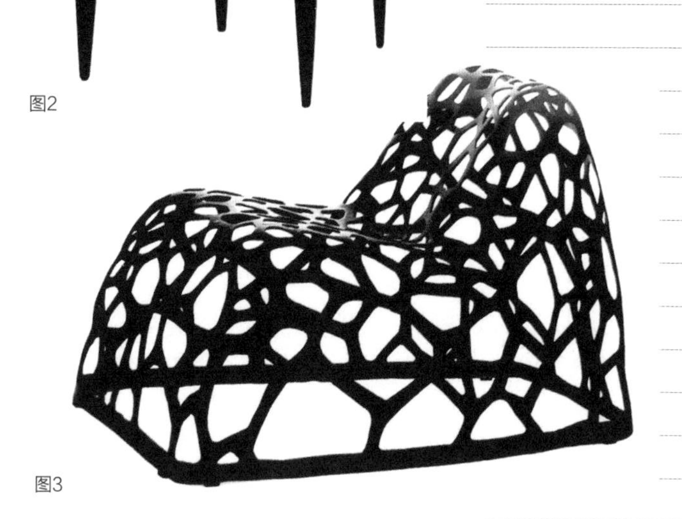

图3

二、家具在室内设计中的作用

家具起源于生活，又服务于生活。自古以来，人类就会利用自然材料制作家具为自己的生活服务，例如石凳、石桌等。随着社会的进步、生产力的发展，人们更是利用各种材料设计制造了种类繁多、形式各异的家具为现在的生活服务，也可以说，家具发展至当代，应用于人类现代生活的各个方面——工作、学习、科研、交往、旅游、娱乐、休息等衣食住行中。随着人类文明的推进，家具的类型、功能、形式、数量及材质也随之不断的发展。可以说室内空间中一切大大小小的配置都是围绕着家具展开的，家具在人们的生活中既满足使用功能需要，又要起到丰富和美化室内环境的装饰作用，家具的风格、造型、色彩、材质、尺度、数量乃至装饰，均对室内环境具有重要的影响。

家具不仅是家庭中的器具，在室内空间中也是一件灵活的建筑构件。通过它的变换可以改变、调节室内空间的功能，重新塑造空间，提高空间的使用价值，在室内空间中有不可替代的重要角色。

1. 家具在室内环境中的精神属性

家具作为一种艺术形式，在造型、色彩、质地上表现出的风格特征，体现了一定的人文风貌，也可以渗透出时代的精神。它们或体现了某种流派的风格特征，或反映出某个民族的地域文化特征。家具设计折射出历史的沧桑变迁，潜移默化地影响着人们的美学观念。因此，家具是人文环境和社会环境的融合体，是兼具实用性和艺术性的工艺品。如古埃及、古罗马统治者使用的座椅，椅角采用兽角形装饰，椅背上有精美的雕刻，整个椅座全部作镏金处理，这些都隐喻着统治者至高无上的王权和不可辱没的尊严。此外，家具的布置方式也反映了一定的精神属性，如对称式布置的家具使室内空间彰显庄重正式感，多见于会议室等正式的接待空间；非对称布置的家具显得随意、亲切而自然，通常多见于家庭和非正式性的公共场所。如中国传统民居正堂的陈设，八仙桌居中，两侧放置太师椅，这种绝对对称的方式既营造出庄重、沉稳的氛围，也体现了中国古代传统的装饰风格。我国很多涉外酒店为了让国外游客感受体验中国文化，在空间设计中常常以非对称式的传统家具（以明清家具居多）布置室内，通过其简洁流畅的线条，自然朴实的纹理，映射出民族文化和地域文化特色，给人以赏心悦目的精神享受，陶冶人们的审美情趣。

图1

图1　具有现代风格的家具

2. 家具设计和室内设计的融合

家具是室内设计中一个重要的组成部分，与室内环境形成了一个有机的统一整体，也是调节室内环境气氛的主要角色。家具的造型风格、材质、色彩等都对室内环境具有重要影响和补充作用。同时，根据不同室内空间功能要求不同，又限定了家具的选择和设计，如稳重大方、典雅风格的家具，适用于会议室等空间；纯朴 、自然、雅致风格的家具，适用于书房等；温馨、浪漫风格的家具，适用卧室等。此外，恰当的家具设计，可增强室内气氛并体现室内整体风格，如富丽豪华的家具可增加室内的富贵感；清新雅致的家具使空间更优雅；淳朴粗犷的家具使空间透出返璞归真的田园气息；精编竹藤家具使人感受到室内空间和大自然的结合。

家具的色彩也只有与室内功能相谐调，才能发挥更好的效果。如酒店餐桌多选择暖色，有利于人们在进餐时增加环境气氛；而工作台多选用冷色，能使人的情绪平稳。同时，家具色彩对室内空间具有调和作用，如浅色家具，可使空间增加开阔感，而深色家具，使空间具有内聚感。

因此，家具设计和室内设计密不可分，同时，它们又相互制约。只有二者达到有序和谐，才能真正体现家具的使用功能。所以，家具设计要根据室内环境的功能，进行设计和选配。

图1　具有中国传统装饰风格的家具

图2　具有贵族气质的古典风格家具

图3　具有现代北欧风格、黑白相结合的家具

图1

图2

图3

3. 家具在空间形态中的作用

（1）家具对空间形态的填补作用

空间的形态比例，对于家具设计有很大影响，家具的造型、比例、尺寸都要与空间形态相吻合，才能使室内环境更加完美。不理想的空间形态或空间构图欠佳时，可以利用家具的不同位置、体量大小对空间加以调节，填补空间的不足，使空间达到均衡的效果。两者相得益彰，遥相呼应，从而增加空间的丰富感，使视觉产生愉悦感，发挥空间的最大使用率。如宽敞高大的空间，适于放置大尺度的家具，给人以充实、稳重之感；低矮、狭小的空间，适于放置小尺度且以平行造型为主的家具，给人以安详、平和之感；而一些异形空间，放置具有高低错落、凹凸变化有致的家具，使空间层次丰富，形成别具一格的个性化效果。利用家具色彩对室内空间进行调节，也是我们设计中的有效方式之一，可以形成事半功倍的效果。如暖色调家具，在局部使用中可以将空荡的空间变得充满生机；浅色或冷色系家具，在相对狭小的环境中使用，可以使室内空间具有开阔的视觉效果。

（2）家具对空间形态的组织作用

家具对室内空间形态的组织具有重要作用，利用家具来分隔空间是现代室内设计为提高室内空间环境的灵活性而进行的空间再创造。把大空间分隔成不同的小空间及异形空间，均可以运用不同的家具组合形式来体现，以形成新的空间形式。总之，无论在家庭还是在办公场所，用家具来分隔空间是常用的方法。早在2000年前的汉代，人们就已经

图2

图1

图3

图1　家具在室内空间中构图完整且比例适度

图2　利用小花架填补了空间，并衬托了室内气氛

图3　中式家具和环境相结合散发出书香气息

图1

图2

图3

运用“屏风”和“帷帐”来处理空间的分隔问题了。当代室内设计经常会在大空间中，根据不同功能分隔出若干小空间，可见，运用家具来分隔空间是最方便灵活的方法之一。比如，我们常常看到在餐厅和客厅之间用博古架或矮柜进行分割，使空间功能明确，同时又相互渗透，这种方法也被广泛地运用于办公场所。现代办公空间大多采用景观式的处理方法，把大空间分割成为若干个小的办公室、会议室等，以适应不同工作人员的需求，这样的空间划分，不仅方便联系，也有助于缓解视线、噪声干扰，并使空间具有一定的私密性。

在现代室内空间中，人们对空间的精神需求在思想意识上发生了很大的改变。昔日封闭的空间所产生的单调、沉闷、压抑已不适合现代人的精神要求，人们更渴望自由、开放、活泼的多元化空间。利用通透的家具形式分割空间，创造生动而富有情趣的居住工作环境，是现代人们的追求。

由此可见，在室内设计这个舞台上，家具是一个极其重要的角色，其风格造型、色彩、材质、尺度、数量乃至于装饰特征，均对室内环境有重要影响。同时，家具又受到室内环境的影响，室内空间的功能大小、风格、色彩等因素对家具也会有不同的要求。因此，家具与室内环境有着密切的关系，家具设计必须与室内空间环境相谐调。

图1　家具与自然的结合赋予了浪漫的情调

图2　富丽豪华的家具增强室内的富贵感

图3　黄色和蓝色搭配既对比又谐调

图1　家具色彩与室内色彩的谐调关系

图2　暖色系配色温暖舒适，烘托出活跃、轻松的气氛，表现出主人的好客情感

图3　家具对室内空间具有填补作用

图1

图2

图3

三、家具构成的分类

家具是现代人们生活、办公等活动中使用的器具。随着历史的发展和社会文明的不断进步，人们的生活方式在不断变化，为适应社会和满足现代人生活和工作需求，新功能、新款式的现代新型家具不断涌现，改善且不断提高着人们的文化生活品位。

现代科学技术为家具制作提供了丰富的新材料。由于材料、结构和使用场所、使用功能的改变，家具的造型风格日趋多样化。根据人体工程学原理，用科学的方法从不同角度对家具的特性进行如下分类。

（1）使用功能上分类

这种分类方式是从人体工程学的角度来划分的，根据人与家具之间的使用关系，可分为支撑类家具 、存储类家具 、凭倚类家具三种形式。

① 支撑类家具：主要供人们在日常生活中坐、卧所使用的家具。如：凳、椅、沙发、床等。

② 存储类家具：主要供人们在日常生活中储存或陈设物品所使用的家具。如：视听多用柜、五斗柜、箱、衣柜、床头柜、书柜、陈列柜等。

③ 凭倚类家具：主要供人们在日常生活中工作、学习、就餐时倚靠所使用的家具，同时，还可储存与陈设一些简单的物品。如：桌子、写字台、梳妆台、茶几等。

（2）所用材料上分类

① 木质家具：指以木材为基材所制作的家具，即我们常说的实木家具。这种木质家具在整个家具构成中是最常用的一类，木质家具有一定的柔韧性、手感好，且强度很高，有良好的工艺加工性能，有天然纹理和色泽，并具有很高的欣赏价值。木材表面既可涂饰各种油漆，又可制作出各种不同风格的家具造型，是制作家具的常用材料，也是人们普遍欢迎的较理想型家具。

木质家具所使用的木材有水曲柳、榆木、椴木、柞木、桦木、樟木、杉木、红松、白松、楠木、红木、紫檀、花梨等。

木材在家具制作使用中浪费较大，故实木家具造价比较高，尤其是那些使用稀少木材制作的实木家具，价格逐年上升。现在市场上销售的木质家具多是采用以木材为原料加工的胶合板、纤维板、细木工板、刨花板等人造木材制作的家具。

图1

图2

图1　圆木茶几（合理利用天然木材纹理进行设计，形成高低错落，富于变化的茶几）

图2　木凳（运用线的组合设计的木质家具，两边木线可调节方向，很有趣味）

② 竹藤家具：竹藤家具是以天然的竹材或藤材为材料制作的家具。其材料源于自然，表面光滑，富有弹性和强度，在加工制作中，体现出天然材质的特征，具有一种线型美和水乡风情。夏季使用显得光洁、凉爽、清秀文雅，再与其他材料配合使用，更加别具特色。

③ 金属家具：金属家具是以各种金属为主要材料制作的家具，如：钢、铁、铝、铜等。金属家具采用机械化生产、精度及强度高，又有一定的韧性，并富于曲直结合，其造型既简约、挺拔，又具有现代感。金属家具表面可电镀、喷塑、喷涂，制作家具时常与木材、人造板、玻璃、塑料、织物、皮革、大理石等材料相结合。

图1　木质组合家具（利用分体家具进行L形组合设计，使空间分布均匀、功能齐全、色彩统一）

图2　竹编沙发（这款竹编沙发在编织工艺上采用空格表现手法，给人以通透感，使空间开阔）

图3　藤编座椅（由意大利设计师罗德里克·沃斯设计）

图1

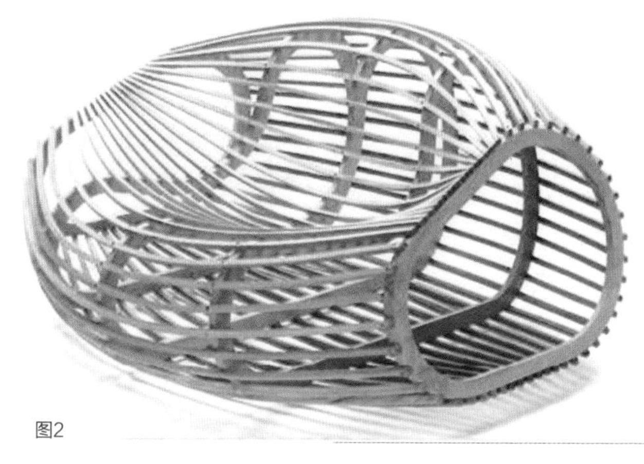
图2

图3

图4

图1　竹编小靠椅，设计简洁明快

图2　竹编座椅

图3　藤编高靠背座椅

图4　意大利设计师安娜·卡斯特里作品

图1　金属椅（加拿大设计师汤姆·迪肯作品）

图2　金属布面椅

图3　荷兰设计师罗斯·莱弗格劳夫作品

图4　芬兰设计师阿尼奥作品

图5　意大利设计师北俊之作品

图1

④ 塑料家具：塑料家具以塑料为主要原料，分有色和透明两种，具有可塑性和独立性的特点，经过注塑模压、挤压成型，可生产出各种造型家具。其强度高、光洁度好，耐腐蚀，再加上塑料色彩丰富艳丽的特点，塑料家具具有很强的装饰效果，是营造室内环境氛围最好的家具类型之一，也将成为今后家具发展的一种新方向。

图4

图2

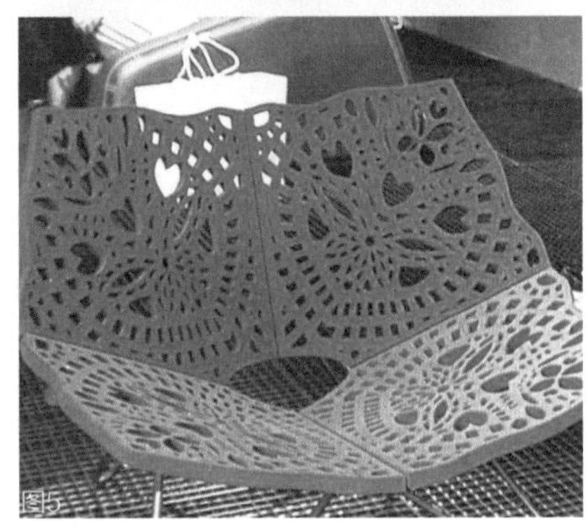

图5

图3

图1

图2

图1 塑料金属管躺椅

图2 塑料凳组合构成

⑤ 充气家具：充气家具是以内充气体为承重结构的家具，充气家具最早是在1967年由意大利设计师德·巴斯·杜尔比诺·劳马兹和斯科勒里设计的。与传统家具相比，它们不仅省去了弹簧、海绵、麻布等材料，还大大简化了工艺过程。充气家具是以橡胶或塑料薄膜组成，其特点是成本低、重量轻、造型富有变化，具有娱乐性、舒适性和保温功能，并便于运输和存放。

⑥ 玻璃家具：玻璃是以天然材料经过热熔、冷却凝固而成。玻璃的出现为家具构成设计提供了新的设计语言，拓展了家具设计的空间。

玻璃有透明的无彩色玻璃和透明有彩色玻璃及不透明彩色玻璃。玻璃经过工艺处理，又有喷花、描绘、贴花和印花、玻璃刻花等方法，使之达到不同的装饰效果。

玻璃家具制作由单一玻璃材料制作完成，根据家具造型不同，玻璃还可以加热软化弯曲，做成各种弧形变化，产生出优雅的现代感。

更多的家具设计是用玻璃和其他材料相互结合使用，如与金属、木质、塑料、大理石等，可产生不同的家具效果。

随着科技的发展，玻璃融入了更多新的性能，如可导电玻璃、可调光玻璃、可钉钉玻璃，这些新型玻璃的出现，将为设计师带来更加广泛的设计空间。

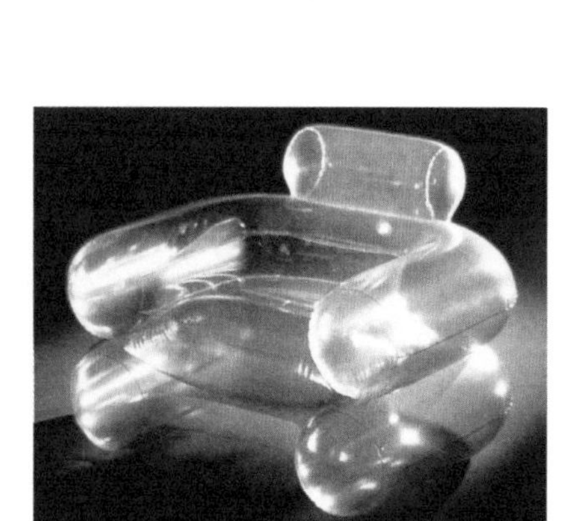

图1

图2

图3

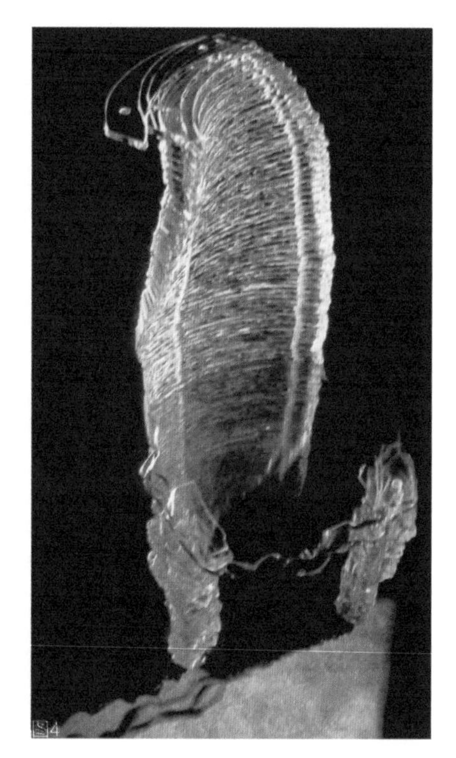

图4

图1　充气沙发椅一（意大利设计师德·帕斯作品）

图2　充气沙发椅二（设计师安娜·西特里作品）

图3　充气儿童座椅

图4　英国设计师丹尼·雷作品

（3）结构特征分类

① 框式家具：框式家具是用木方通过榫接合构成承重框架，中间镶围护板或在外面覆各种面板所制成的家具，这类家具每一件形成一个整体，具有坚固、耐用的特点，如箱、柜、桌，床等都属于这种形式的家具。

② 板式家具：板式家具主要是以各种不同规格的人造板为基材，并借助黏合剂或五金连接件将各种板式连接起来，装配而成，这种家具结构简单，组合便利，外观大方，便于机械化、自动化生产并且节省木材。板式家具又分为拆装式与非拆装式两种。

a. 拆装式家具：拆装家具是为了方便运输，把家具拆成若干部分，部分与部分之间是靠金属连接件、塑料连接件、螺栓或木螺丝进行连接。因为拆装家具部件小，在加工过程中可节省占库存面积，顾客在选购拆装家具时，可按说明自行装配变换样式，但不足之处是其坚固程度差一些。

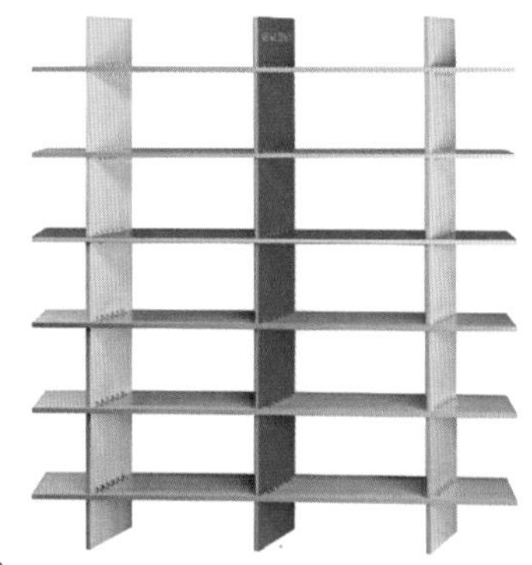

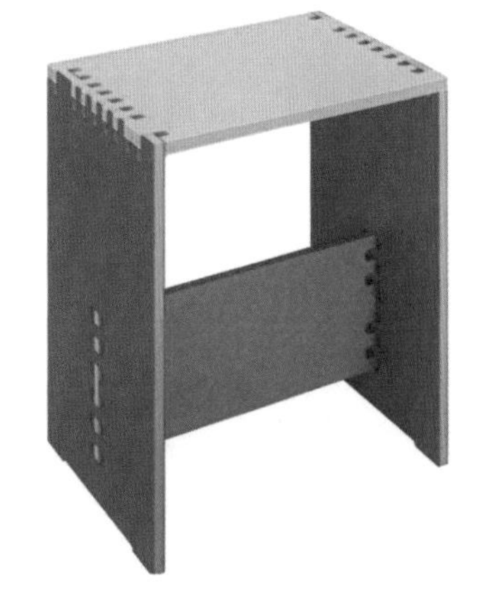

图1 多抽屉小立柜

图2 实木桌椅，运用框式结构连接

图3 可拆装的小格架

图4 多榫结构的小木凳

图1

b. 折叠家具：主要适于居室面积小的空间，折叠家具在不使用时可折叠起来，移动、运输、存放都很方便。

（4）使用场合分类

① 民用家具：民用家具按使用功能划分为卧室家具、客厅家具、儿童家具、书房家具、餐厅家具、厨房家具、卫生间家具等。

图2

图3

图1 板式家具

图2 卫生间家具

图3 卧室家具

② 公用家具：公用家具按使用功能划分为办公家具、学校家具、图书馆家具、宾馆家具、医院家具、幼儿园家具、商业家具、影剧院家具等。

图1

图2

图1 躺椅

图2 办公椅

第 2 章　家具的发展历程

家具的发展是随着社会政治、文化和经济的发展而发展的。要了解不同时期家具的发展概况，需要明确每个历史时期不同阶段的家具类型，加强对不同阶段家具风格的认识和了解，从而为以后设计家具作为借鉴。

我国的家具发展有着悠久的历史，在漫长的历史长河中，早期家具根据人们的起居方式历经“席地而坐”和“垂足而坐”两个阶段。在新石器时代晚期的龙山文化，出现了家具的萌芽，到商周时期，大约在公元前17世纪又曾出现了用木材和青铜制作的家具，当时有商代切肉用的“俎”和周人放酒用的“禁”，可称其为当时人类最早的家具。

一、中国传统家具

1. 春秋战国时期的家具

春秋战国时期是我国古代社会发生巨变的一个时期，奴隶的解放促进了手工制造业的发展，工艺水平在此时期有了很大的进步。此时的家具除床以外，还出现了漆绘的几、案、凭靠等类家具。家具上绘制的图案有：龙纹、凤纹、云纹等，当时的图案制作技术已相当高超。

2. 两汉时期的家具

汉代的经济发展迅速，人们的生活水平得到很大提高，家具制造在低型家具发展基础上，几案合二为一，面板加宽，并出现了坐榻、坐凳和框架式的柜橱等家具造型。另外，漆饰纹样有了新的发展，出现了几何纹样以及植物纹样图案等。

3. 两晋、南北朝时期的家具

两晋、南北朝时期是中国历史上一次民族大融合时期。由于西北少数民族进入中原，人们的生活习俗发生了改变，家具样式由矮向高发展，出现了各种形式的高坐具，如椅子、凳子等，由席地而坐改为垂足而坐，榻和床也相应增高并加上了围屏。装饰纹样图形出现了莲花纹、卷草纹、飞天、狮子、金翅鸟等。

4. 隋唐时期的家具

隋唐是我国封建社会发展时期，商业手工业日益发达，思想文化发生了很大的变化，家具出现多种多样的品种，有高桌、方桌、条案、坐墩、扶手椅和圈椅等。

这时家具使用的木材非常广泛，有紫檀、黄杨木、花梨木、樟木等。唐代家具造型简洁、朴素、线条流畅，从家具装饰上，出现了金银绘和镶嵌等装饰风格。

5. 宋、元时期的家具

宋、元时期，起居方式已完全进入垂足而坐的时代，为适应这一方式，家具造型出现了高型家具，如圆形、方形的高几和床上用的小炕桌，并以框架结构代替了箱形结构，线型装饰普遍使用，有的桌椅四角除了有方形、圆形外，还做成了马蹄形，家具布置形成了一种对称形式，极大丰富了室内空间。

6. 明代时期的家具

明代是我国家具发展史上的鼎盛时期，这一时期的家具不仅在中国家具发展史上占有很重要的地位，而且在国际家具发展史上也有很大的影响，被称为“明式家具”。明式家具品种繁多，由单体家具发展到套式家具，其造型变化丰富，主要类型有：几案类、椅凳类、床榻类、柜橱类、台架类、屏座类等。

明式家具多采用硬木树种制作，如：黄花梨、紫檀、红木、鸡翅木、楠木，所以又称为硬木家具。

明式家具在工艺制作上，榫结构应用科学，做法巧妙且牢固，流传百年不易变形，是明式家具一大特色。表面上充分利用木材纹理和天然色泽之美，不使用油漆涂刷，而是在原木上打蜡。

明式家具造型简朴素雅，端庄秀丽，结构严谨，做工精细，装饰繁简适度，比例尺度相宜，十分耐看，体现出独有的审美情趣和独特的明式家具风格特征。

图1

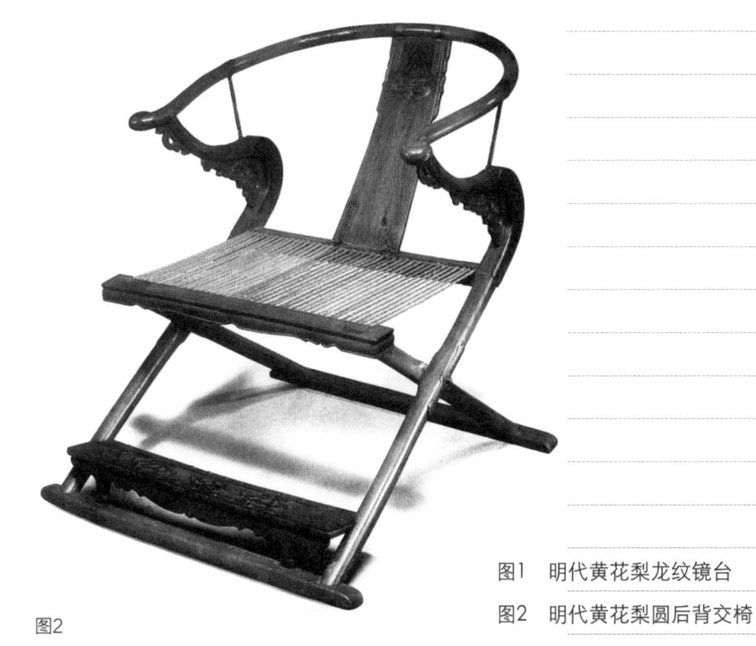

图2

图1 明代黄花梨龙纹镜台

图2 明代黄花梨圆后背交椅

7. 清代时期的家具

18世纪是清代经济比较繁荣的时期，清代家具发展迅速。乾隆时期以前的家具继承了明式家具的特点，在家具装饰上不做过多装饰。乾隆时期以后，家具风格有了改变，为了适应宫廷、府第的需求，家具造型由之前的挺拔秀丽变为庄重浑厚、体态丰硕，家具中每个部位的尺寸都大大增加。在装饰上，清代时期的家具大量吸收了各种工艺美术制作相结合的手法，家具上开始追求富丽堂皇的装饰，多种材料并用，用玉石、象牙、贝壳、珐琅做镶嵌，用雕漆、描金制成漆家具。清代家具做工精细，线型流畅，由于过多追求家具表面装饰，有时忽视了使用功能，使家具整体效果受到影响。到清晚期这种现象更为显著，家具的审美格调远远不如清初，随着中国进入半封建半殖民地社会，家具发展逐渐走向败落。

图1

图2

图3

图1　红木镜台

图2　榆木雕龙开光罗汉床

图3　红木嵌理石凉床

图1

图2

图3

图4

图1　红木镶嵌螺钿理石罗汉床

图2　红木镶嵌螺钿理石太师椅

图3　鸡翅木扶手椅

图4　紫檀木扶手椅

二、西方古典家具

国外家具起源于尼罗河下游的古埃及。公元前1500年以前人们就开始使用家具，现在保留下来的木家具有折凳、矮凳、扶手椅、卧榻、箱和台桌等。从这些家具造型中我们可以看出，当时埃及工匠技术水平高超，能加工出裁口、榫接合工艺和雕刻工艺精湛的家具，在椅和床的方形腿部常看到有狮爪、牛蹄、鸭嘴等形象的造形，给人以庄重、威严之感。

家具表面装饰多采用动、植物形象和象形文字，如莲花，涡状水纹、蛇纹以及几何形带状图案等。色彩除金、银、象牙色、宝石色外，红、黄、绿、棕、黑、白在当时是常见的流行色彩。

1. 古西亚两河流域家具

公元前10世纪～公元5世纪，在西亚的底格里斯河和幼发拉底河流域，先后出现了古巴比伦帝国和亚述帝国，在这一时期都创立了灿烂辉煌的古代文化。从史料记载来看，当时家具出现了浮雕座椅、卧榻、供桌等。家具的方形腿部装饰与古埃及家具样式相类似，同样带有狮爪、牛蹄形腿，所不同的是在腿的下部加饰了一个倒置的松果造型，座椅上端常用牛头、羊头或人物形象作装饰，很有特色。

图1

图2

图1　古色古香的艺术品陈列橱

图2　古典家具线条圆润、雕刻精美，极具艺术装饰性

2. 古希腊家具

公元前7世纪～公元前1世纪，古希腊文化已发展至鼎盛时期，受当时建筑艺术的影响，家具中的座椅、供桌及卧榻的腿部常采用建筑柱式造型，椅腿和椅背通常以轻快优美的曲线构成，并彩绘了一些植物图案，座椅表面常饰以兽皮或一些织物，造型美观，而且具有舒适的性能。

3. 古罗马家具

公元前3世纪～公元5世纪，古罗马家具造型和装饰受古希腊家具的影响，家具中很多部位的造型都有相似之处，所不同的是腿部造型更为敦实、凝重，显示出一种力量感和古罗马人善战的天性。在遗存的实物中，多为青铜和大理石家具，并有浮雕装饰，体现出古罗马帝国厚重的家具风格特征。

图1　三条腿桌（大理石为材料，腿部雕有狮子形象）

图2　碗柜（上部采用垂饰罩，浅雕的装饰）

图3　床的腿部采用了旋木技术

图4　石桌（石桌立腿同样采用兽足形特征）

图5　青铜三腿桌（造型秀丽、富于变化）

图6　座椅（罗马座椅特征厚重，腿部偏于扁长方盒子形，装饰富丽堂皇）

图7　“X”形椅（“X”形是以青铜为原料制成的，可折叠）

4. 中世纪家具

中世纪家具分为两种风格，拜占庭式家具和哥特式家具。

① 拜占庭式家具（公元328～1005年）继承了古罗马家具的风格特征，并结合了西亚、埃及家具的造型特点，形式上仿造罗马建筑上拱脚、柱、围栏样式，家具多采用象牙雕刻和镶嵌等装饰手法。之后旋木技术又广被应用，并在座椅表面附加金属圆铆钉装饰。家具纹样多以象征基督教的十字架、圣徒、天使及狮子、马、几何纹样为主。

② 哥特式家具（公元12~16世纪）起源于法国，14世纪开始流行于欧洲的一种家具形式。家具造型体现了哥特式建筑的特征，融合了尖拱、尖顶及细柱的样式，外形挺拔、高耸、比例均称。哥特式家具主要特征在于浅雕和透雕的镶板工艺制作装饰上，做工非常精致，雕刻图案纹样大都具有寓意性。色彩多为深色，营造出一种庄严、神秘的宗教氛围。

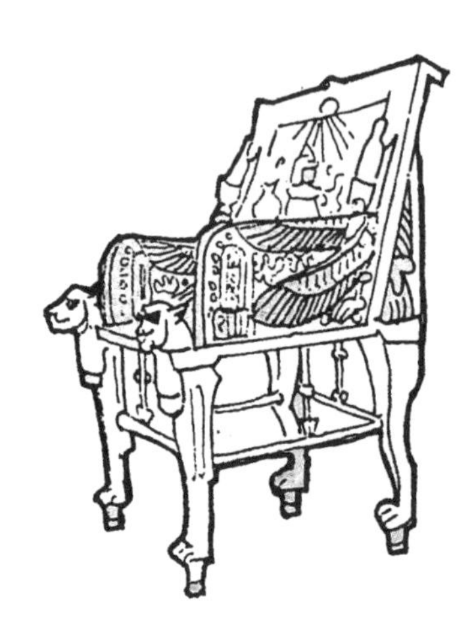

图1

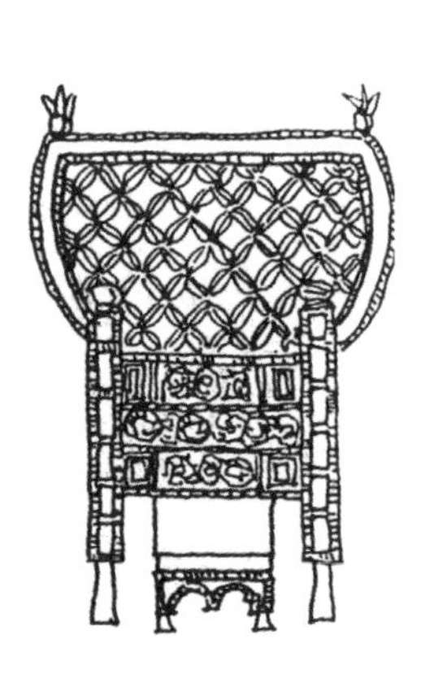

图2

图3

图1　古埃及家具座椅

图2　拜庭家具座椅（运用了建筑造型样式和镶嵌装饰，节奏感很强）

图3　马丁教皇椅（哥特式教堂主教座椅，与教堂建筑风格相统一，与室内气氛相呼应）

5. 文艺复兴家具

文艺复兴（公元14～17世纪）是以意大利为中心开始的复兴古希腊、古罗马文化运动。文艺复兴时期倡导人们摆脱宗教的束缚、以人为中心、研究科学、认识自然、造福人生，那一时期的家具风格也反映出这种特点，注重材料、结构和形式的多样化。造型以浮雕和绘画相结合，表面施以金色装饰，设计简朴、庄重、威严、比例匀称，具有古典美的特征。

6. 巴洛克家具

巴洛克家具（公元17～18世纪）是起源于意大利、后来在西欧广为流行的一种家具风格，也称路易十四式家具。巴洛克家具的特点以豪华、富丽堂皇的古典形式著称，线型曲折多变化，并采用麻花形和涡卷形相结合，打破了以往家具宁静的和谐感，并注重家具与建筑、雕刻、绘画的融合，富有想象力，有的受到中国家具的影响，腿部造型弯曲，并施以金色。

7. 洛可可家具

洛可可家具也称路易十五家具，是继巴洛克样式之后发展起来的。它完全改变了文艺复兴时期的家具特征，明显特点在于：家具造型很少使用对称形式，追求一种华贵雕饰、优美、雅致、奇特的装饰效果，既有雕刻和镶嵌，又有镀金、涂漆和描绘，并以轻快凹凸的曲线和精细纤巧的雕饰巧妙结合，自由流畅，色彩金碧辉煌，材料多以胡桃木为主。

图2

图1

图3

图4

图1　巴洛克扶手椅

图2　胡桃木雕刻桌

图3　梳妆台（雕饰精巧、线条柔美）

图4　洛可可风格写字台（纤秀华丽、雕刻精美）

三、西方现代家具

国外现代家具，最早起源于19世纪下半叶的英国。1888年，英国人莫里斯等倡导的工艺美术运动，其主要目的是对过去的装饰艺术以及家具式样进行改革，由于工业化的进程，使家具由古典装饰为主转变为简洁、价廉、适于工业化批量生产的大众家具。随着这一运动不断扩大，很快这一设计思潮就传播到整个欧洲，并引发“新艺术运动”的产生。

1. 新艺术运动家具

新艺术运动是1895年左右由法国开始兴起的一场设计思潮。在经济发展促进了科学技术的不断进步中，新艺术运动反对传统的模仿，倡导艺术和技术的结合，倡导艺术家要面向社会，从事设计工作，从而产生了一批新的设计产品，以满足人们的社会需求。这一运动影响了整个欧洲的艺术变革，新艺术运动摆托了古典艺术的束缚，寻找出一种新的装饰造型风格，从此产生了风格派家具。

2. 风格派家具

风格派家具1917年出现于荷兰莱顿，当时万杜埃士堡成立了一个设计团体，其成员都是由当时比较有名的艺术家、建筑师、设计师组成。这个设计团队还创办了美术期刊《风格》,“风格派”由此作为这个设计学派的名称。“风格派”家具的特点为：采用几何形的立方体、长方体以及垂直水平面来组成家具造型，家具造型简练、概括、明确，富于秩序性。色彩多以黑、白、灰和红、黄、蓝为主要颜色，追求一种冷静的完美比例效果。1918年里特维尔德设计了红蓝扶手椅，红蓝扶手椅的出现，对现代家具设计带来很大的影响。

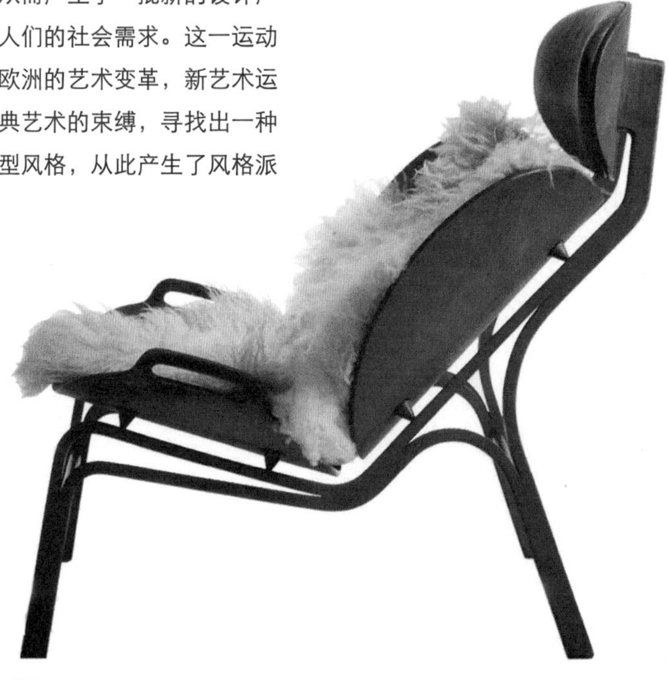

图1

图1　丹麦设计师：汉斯·瓦格纳作品

3. 包豪斯家具

包豪斯是德国建筑设计学院的简称。1919年包豪斯在德国魏玛市成立，它的教育思想主张设计要面向社会，面向工业化生产，强调设计功能，强调形式、材料和工艺技术的统一，注重运用不同材料的相互结合。包豪斯还开设了木工实习工厂，培养学生创新制作能力，当时出现了一批杰出的家具设计师，在设计上创造了一整套新模式。

当时著名的家具设计师——布鲁耶，其早期的设计受到风格派的影响较大，后来把自行车的镀铬钢管技术用在椅子的框架上，并将皮革和帆布相结合，以其简练、轻巧、坚固、便于批量生产等诸多优点，迅速被广泛应用。

图1

图2

包豪斯的家具风格注重线条在构图上的动感和材料肌理的对比，充分发挥和挖掘材料本身的质地美感，从而使家具样式完全脱离了传统的装饰风格，成为现代家具设计的一个潮流。

4. 第二次世界大战后的现代家具

第二次世界大战后，家具业发展迅速，美国家具设计师——伊姆斯·查尔斯以设计座椅闻名，他设计的一些座椅在纽约艺术博物馆竞赛中引起关注，他利用模压工艺设计了一组玻璃纤维树脂塑料椅，并在竞赛中获奖。随后他又设计了铝合金椅，在座椅的连接部件中采用了硫化橡胶，很有特色。

贾可比森·阿恩是一位建筑师，他利用多层板设计出多层弯曲的木椅，既优美又舒适，在世界上广为流行，并获米兰博览会大奖。

德·巴斯·杜尔比诺、劳马兹和斯科勒里是意大利设计师，1967年他们共同成功地设计出“充气沙发”。

伯托伊·赫里是意大利人，1943年开始从事家具设计，并设计出颇有特色的钢丝结构椅。

第二次世界大战后家具业随着新材料、新工艺的不断开发和国际交流的发展，现代家具款式不断变化，出现了前所未有的新局面。

图1　德设计师：丹尼欧·西尔维斯日瑞的作品

图2　意大利设计师：格里特·T. 里特维德的作品

第3章 家具构成设计要素

家具构成设计是指家具设计的外观样式通过一定的设计要素并按照形式美原则合理地利用不同材料、色彩组合来满足人们的使用功能和审美要求，家具构成设计是一个创造性的过程。

一、家具构成设计的原则

家具构成设计是为满足人们生活、学习、工作的需要，设计者必须运用现代科学技术和艺术相结合的手段来创造不同用途的家具。家具构成设计应包括四个方面：一是要考虑家具设计的实用性，满足人们使用功能的需求；二是要满足人们精神审美的需求；三是要满足家具工艺制作流程的需求，也就是家具表面处理和内部构造的设计；四是要适应市场，满足消费者的需求。四个方面的关系在设计中要全面考虑，缺一不可。

1. 满足使用的需求

家具设计应根据不同的使用场合、使用用途，设计出符合人体机能的存储、坐、卧家具，以此满足人们使用上的要求，为人们在生活、工作、学习中提供便利。不同的室内空间只有匹配相适应的家具，才能赋于空间以实用功能。除了实用外，还要考虑使用上的坚固性和耐久性。

2. 满足审美的需求

家具除了要满足人们的使用需求外，还要满足人们视觉上的审美需求。人们在为室内选择家具时，第一感觉就是要求样式美观，款式新颖，在家中摆放，既是实用品，又能成为艺术品，起到美化居室、提升整个空间艺术氛围的装饰作用。设计者在开发新产品以及不断细划功能的前提下，要按照形式美的要求，精心打造既实用又美观的现代时尚家具，让人们在生活、工作中得到美的享受。

3. 满足工艺的需求

家具构成设计只有与生产加工工艺相结合，才能达到家具与工艺的完美统一。加工工艺一是指材料加工工艺性，从材料表面加工上要多样化，不断开发新型家具材料；二是指家具整体与零部件外形的加工工艺性，要力求造型线条简洁，制作方便，适应批量生产。设计要与现代工艺制作技术相结合，才能走在时代的前沿。

4. 满足消费者的需求

家具在设计中不仅要考虑以上三个方面的问题，还要考虑到使用对象和适应的消费人群。对于消费者来说，选购家具产品既要实用美观，又要经济实惠，这与广大消费者购买力水平有直接关系。对于生产者来说，生产的家具产品，不仅要求质量好，还要降低成本，避免出现浪费现象，以获取更高的经济效益。因此在设计家具时，要合理地使用原材料，板材尺寸与家具造型要相适应，设计中计算要精确，尽量达到高质量、低价位，以满足消费者和生产者的需求。

二、家具构成设计中的形式美规律

形式美规律是任何艺术表现形式中的一个普遍法则，是前人通过长期的艺术设计实践活动总结和概括出来的一条有秩序美感的方法，在家具造型设计中应根据家具的使用目的、材料、结构和不同的加工方法，有针对性地按照形式美法则，科学地应用到家具设计中，充分体现一种和谐的艺术美感。

1. 变化、统一规律

(1)变化

变化是在整体统一的基础上，求得部分的差异性，任何设计在造型形态上都要力求有变化，如果没有变化就会使产品显得单调乏味，不能在人心理上产生共鸣。变化强调的一是同类产品要有变化，同类产品数量增多之后，如果都没有变化，此产品就会难于销售；二是在同类产品设计中各部分之间要有变化，有了变化会使造型设计更加丰富多彩，更加具有趣味性。因此，在家具设计中，时刻要考虑到变化这一重要特征。

图1

图2

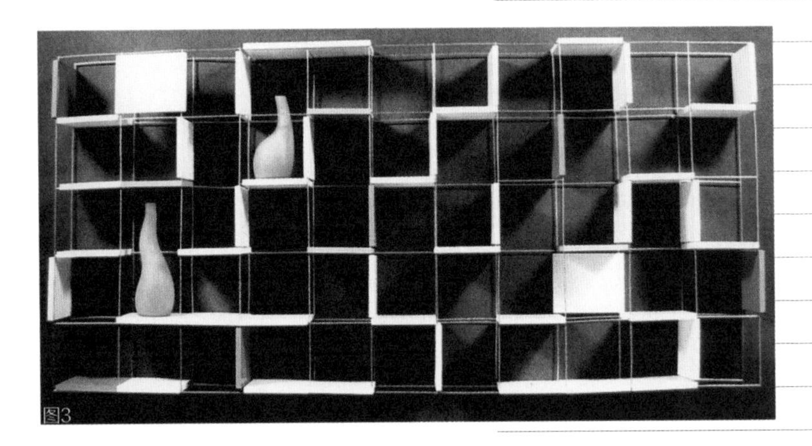

图3

图1　扶手椅（采用对称表现手法，形与色变化非常大，显示设计个性）

图2　设计师：纳塔内尔·格鲁斯卡（利用树木自然形态变化进行设计，极为独特）

图3　设计师：佛朗科伊斯·都瑞斯（金属与塑料组合装饰格架，格架既统一，又赋予变化）

（2）统一

是指家具各部分之间要按照一定的规律、有机地把各部分趋向一致，形成一定的秩序性。家具因根据使用功能、使用要求及材料结构的不同，形成了多样化。形态造型变化多了，如果不作有规律的统一调整，就会使家具造型没有整体感、杂乱，从而导致部分与部分的不谐调。统一应从以下方面来考虑：

形的统一：家具造型每一部分在设计中力求相似接近。

线的统一：家具线型的使用，要以一种直线或曲线为主。

色彩统一：对一类家具而言，色相及明度区别不要过大，趋于相近。

总的来说，在家具设计中要在变化中求统一，在统一中求变化，使家具造型更趋严谨、整齐、富有规律性。

2. 对比规律

对比是事物与事物之间的差异性，在家具造型设计中，这种规律体现在体块大小的对比、色彩明度的对比、材料质感的对比所呈现出来的不一致性。对比的结果使两种形态相互作用、彼此衬托，各自显示出各自的特点，运用对比可使家具造型具有更强烈的装饰效果。

图1

（1）大小的对比

在家具设计中，经常出现面积大小不同的对比形式，以此丰富形体，小的体块衬托大的体块，大门周围配以小门或抽屉，形成大小的对比，以此来突出重点，使整体富于变化。

图2

（2）形状的对比

在家具设计中，直线、平面和长方体是家具造型中常用的基本形状，而弧线、曲线、圆等在家具造型中也常出现。如果常运用直线和长方体来设计家具造型，容易取得谐调的效果，但会使家具显得单调乏味。设计中如果将直线、长方形、平面与曲线、弧线形、圆形结合运用，就会打破直线形的单调感，使家具造型生动活泼。

图3

图4

图1　儿童座椅（高低变化形成秩序感）

图2　小型沙发（以大小点状形成对比，很谐调）

图3、图4　中国设计师邵帆的设计作品，采用中西结合的手法，用直线和曲线的对比来表现

（3）方向的对比

在组合家具和单体家具中，门与门之间、门与抽屉之间常常会出现垂直和水平等不同方向的对比。由于出现线面方向的不同变化，会使家具造型具有生动感。如大衣柜是左右两开门垂直方向，下面的抽屉侧面是水平方向，由于垂直和水平不同方向的对比，丰富了大衣柜的造型。设计时对方向的对比手法运用，应注意整体上的谐调性，如果方向变化过多，家具就会显得杂乱无序。

（4）虚实的对比

家具造型中的虚实是指家具的开敞与封闭、门与空格、门与通透玻璃间所形成的虚实关系。如果封闭门过多，会给人以沉重感；如果开敞空间过多，又使家具显得过于零乱。设计中应注意处理好家具造型中的虚实关系，虚中有实，实中有虚，运用好虚实对比的方法，才能丰富家具设计造型。

图2

图3

（5）质感的对比

家具制作中材料种类较多，不同材料制作的家具常给人不同的感受。木质材料有自然纹理，金属材料坚硬有光泽，玻璃材料透明性佳，织物材料柔软度高等。在家具造型设计中，合理地运用不同质感材料的性质，是一种有效方法。如在一件家具中运用不同软硬、不同粗细、有光与无光质地的对比，可以丰富家具的艺术造型语言，增加家具的造型美感。

图1

图4

图1 小座椅

图2 座椅中面与线的对比

图3 用仿生材料制成的座椅，椅面轻且耐压

图4 用织物材料构成的座椅

（6）色彩的对比

色彩对比是指颜色明度和色相的对比。明度对比是家具中一种颜色的深浅搭配；色相对比是两种互补色的对比，如暖色与冷色的色彩运用。过去家具色彩比较单一，缺少装饰性，而现代家具非常注重色彩的对比应用，在一组家具中常常出现2～3种颜色。一般运用色彩明度对比较多（如深色木纹与浅色木纹的对比），可使家具看起来既有对比又谐调。一些儿童家具常采用比较艳丽的色相对比来满足儿童的心理要求。运用对比时要注意色彩面积及色彩纯度不能相等，要有面积大小上的差异，以达到活跃氛围的作用。

对比减弱可趋向谐调，谐调是彼此和谐、相互联系的关系，能够产生完整与谐调的效果。

3. 节奏、韵律规律

节奏与韵律属于音乐中的术语，是事物中一种特有的运动规律，是秩序中的条理反复所形成的一种形式美感。节奏与韵律来源于生活，来源于大自然，同时也来源于一种具体形态的反映和抽象的感受，世界上一切万物都存在着节奏与韵律。如植物的生长，便是一种有秩序的重复规律，竹竿上有很多节，可以看成是一种节奏感。一根柳条，周身光光，微风吹动，便形成大小的起伏，似乎又有了韵律感。生活中这样的例子很多，劳动中的号子、文学中的诗歌、图案中连续纹样的排列等都是节奏和韵律规律的具体表现。

在家具设计中家具上拉手的排列、线的层次、门上的装饰都体现着节奏的运用，产生了一种静中有动、动中有静的美感。家具的高低错落、前后层次的变化及曲线的应用又是韵律感的体现。运用韵律的表现手法，使家具造型能产生一种秩序的活跃感。所以，节奏和韵律在设计中的运用非常重要，我们应当在满足家具功能和结构要求的前提下，有意识地加以模仿和运用，从而得到很好的创意启示。

图1

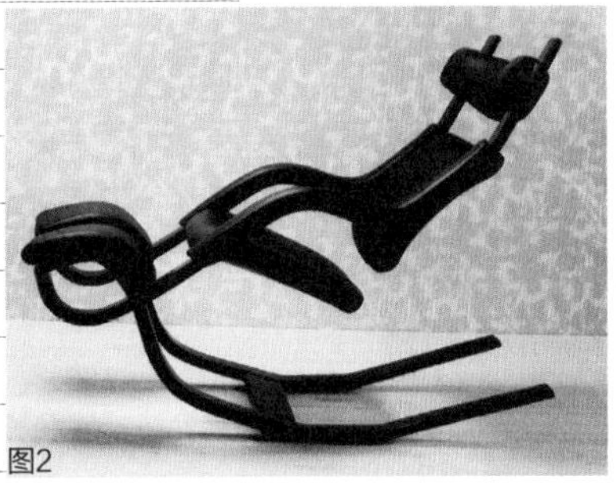

图2

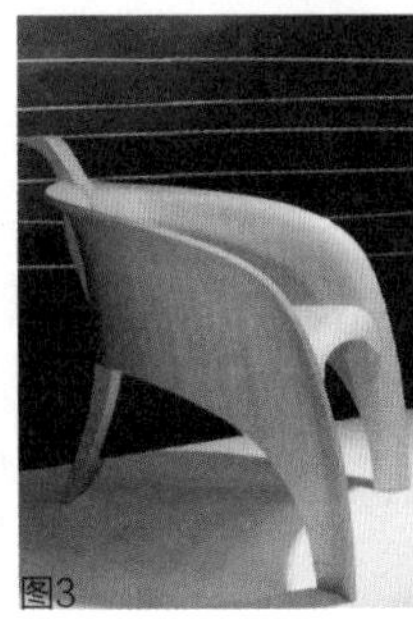

图3

图1　强烈色彩对比的座椅在室内感到清新

图2　摇摆椅（以线面为设计元素，形成对比表现）

图3　座椅（以体、面结合为设计元素的座椅，后面用以线作为枝檩，突出对比效果）

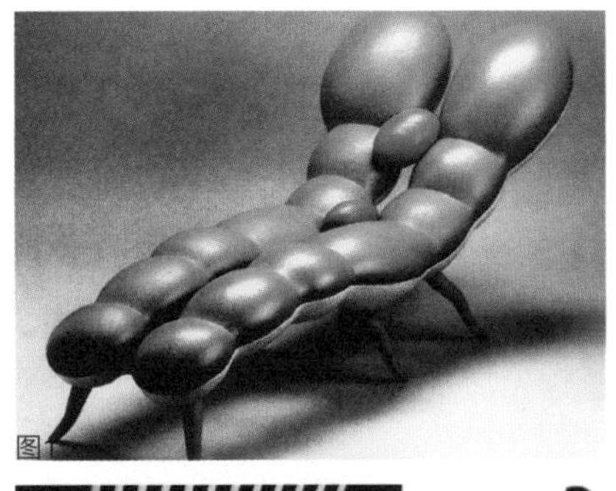

图1

图3

图2

图4

4. 比例、尺度规律

（1）比例

比例属于数学上的概念，它是指形态、大小之间的数量关系。自然中万物都有各自的形态、特征，并具有一定的比例关系。而家具比例是家具构成设计中一种表现形式，根据家具使用功能的需要，由设计者来确定家具形态之间的比例关系。比例是家具造型中最重要的一环，比例不当，就会使家具失去美感。家具比例构成要从以下两方面来考虑。

① 家具造型整体的比例关系，也就是长宽高之间的比例关系。家具造型整体的比例要符合人体尺度和使用功能的要求。如家具的高度要以人们取放东西便利为前提，高和宽的比例要符合人们视觉上的审美要求。

② 家具整体与局部的比例关系，局部与局部之间的比例关系。在家具设计中，除了把握家具整体比例关系以外，还要考虑家具各部分与整体之间的关系，部分与部分之间的关系，合理划分部分形态会获得较好的比例效果。

家具的比例设计，首先要在满足服务功能的前提下，按照形式美的要求，进行科学的划分。前人在长期的实践中摸索出若干长方形美的数学比例关系，即黄金矩形长边和短边之比，运用数学中等比矩形、等差矩形和倍数分割的方法，进行比例的设计，达到视觉上的美感。

（2）尺度

尺度是相比较而来的，单一的造型不存在尺度关系，当一种形态和另一种形态相联系时，才能产生尺度。家具设计中的尺度就是要根据人体尺寸和使用

图1　躺椅（完全用点的元素构成，体现出节奏感）

图2　流动线型座椅（具有韵律感）

图3　高靠背座椅（显示了韵律的美感）

图4　仿生花形座椅（具有女性特征）

要求，形成的特定尺寸关系。家具中的比例是通过尺度体现出来的。为得到合理的尺度，在设计家具时，不仅要从家具功能要求考虑，使家具造型尺寸合理，还应考虑与人们工作和休息相适应的各类家具形式和尺寸。如椅子的高度、柜子的进深等是否与人的身体尺寸相适应，需从审美的角度考虑，以获得家具与家具、家具与物、家具与人及室内空间的尺度关系。

5. 模拟、仿生规律

任何一种造型艺术都离不开对自然形态的模仿和再创造，大自然是艺术家取之不尽、用之不竭的源泉。家具设计师在设计中同样离不开受自然形态的启发，以此改变家具的结构，丰富家具造型，增强家具的趣味性。

（1）模拟

模拟是家具设计中直接模仿自然形象的一种设计表现手法。在满足家具功能和人体工程学的前提下，将自然形象融入家具造型设计中，有的是具象的融入，有的是抽象的融入，这种模拟的表现方法会使人们产生新奇的感觉，给人们以联想，并使家具具有趣味性。

常用的模拟方法有三种形式：一是家具局部上的模拟。如椅子脚、床头靠板、椅子扶手部位常常雕刻有动物、植物的模拟形象。在借助自然中某种形象时，要加以提炼、概括，与家具造型结合得恰当会给人以吉祥之意和神秘感。

图1　美国设计师伊丽莎白·布郎宁的作品

图2　模拟布玩具儿童沙发

图3　模拟花形的女性座椅

图4　意大利设计师乔丹奴·佩斯的作品

图2

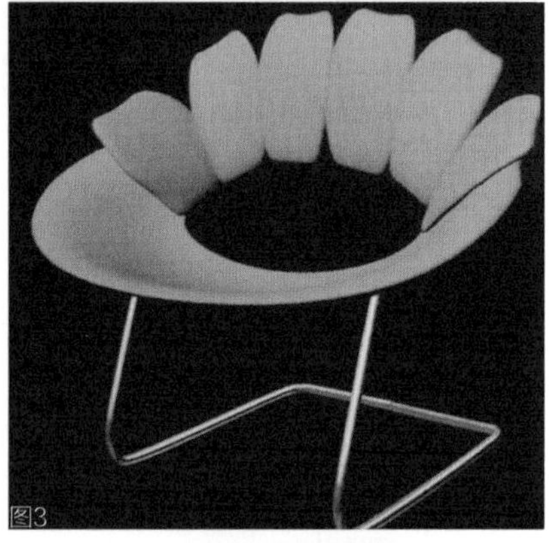

图3

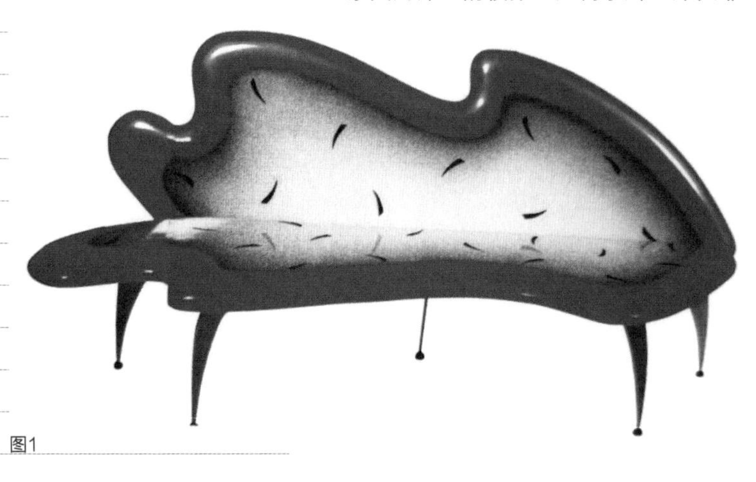

图1

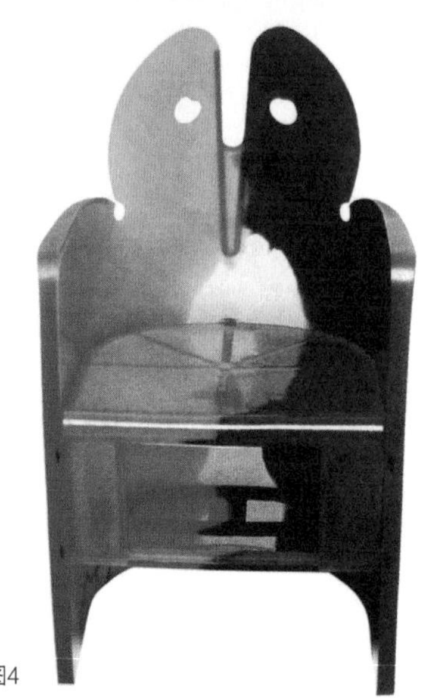

图4

1

图2

图3

图4

图1 瑞士设计师格斯设计的模拟女人坐姿的椅子，极具趣味性

图2 模拟小鸭特征的儿童椅

图3 模拟小狗动态形态的桌子，既真实又抽象

图4 模拟人嘴唇形态的座椅

二是家具整体造型上的模拟。如有的沙发造型模拟人的嘴唇，上嘴唇为沙发靠背，下嘴唇是座位，模拟得很自然。有的沙发造型模拟人的手及模拟海蟹造型，有的家具酷似一只完整的动物，既实用又耐人寻味，很有个性。

三是在家具表面上采用图案绘制的装饰形式进行模拟，这类模拟方法在我国传统家具设计中常常被运用，尤其在清代家具中最为多见，使家具表面带有一种华丽感。有的图案还具有一种寓意，向往美好与希望，现代家具尤其是儿童家具表面经常用此种方式，这种装饰形式深受儿童喜爱。

（2）仿生

仿生是生命科学和工程技术科学互相渗透、彼此结合的一门新兴学科。设计师通过借助自然界生物组织结构现象，将仿生学应用于家具的研究之中，为现代家具设计拓宽了新的领域。

仿生设计是从生物形态中得到的启示，如龟壳、贝壳、蛋壳等。在经过分析理解、研究后加工产生出仿自然壳体的材料，设计师们利用这种壳体材料，设计制造出众多形式多样的壳体家具，如塑料压模家具、玻璃钢成形家具等。这种仿生家具薄而轻，具有抗高压的性能，并具有很强的现代感。

图1

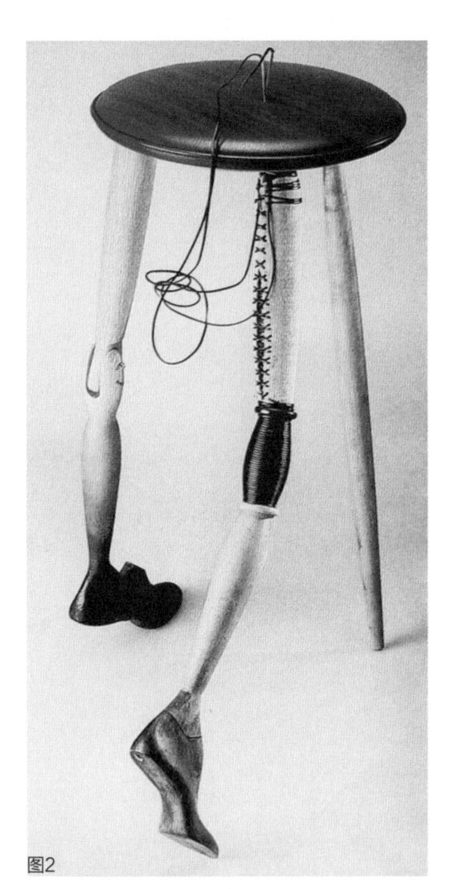
图2

图3

图1　模拟高跟鞋的装饰桌
图2　可动的三条腿小高凳
图3　模拟天鹅形的座椅

图1　模拟鸟造型的小镜台

图2　模拟动物形态的桌

三、家具构成要素的表达

家具构成要素是家具造型审美中很重要的一部分。它是构成家具的基本要素，通过不同形状及点、线、面、体一系列视觉要素，取得造型设计的表现力。设计者要依据自身对构成概念的理解，把握这些要素的使用和具体表现方法，在设计中塑造完美的家具式样。

1. 形态的表达

形态是靠人的视觉去感受的，是人们看到的物体外形表面，它包括现实形、自然形、人工形，在设计中要善于在这三种形态中得到美的形态启示，从而应用于家具构成设计之中。

图1

图1 不同构成要素的点、线、面、体组成要素展示出不同的家具造型

2. 点的表达

点在造型中是最基本的构成单位，点虽然小，但在家具中起着画龙点睛的作用。点有圆点、三角点、方点、规则点和不规则点。

当一个点出现在家具上时，具有中心效应，能引人注目。当两个点出现时，会使人的注意力往返两点之间，形成线的联想作用，两点大小不同时，大的点会吸引小的点，使人的视线由大点转向小点。

当多点出现时，又会产生一种节奏感和韵律感，形成运动的美感，从而让人又联想到面的存在。点在家具中的表现主要体现在门和抽屉上的拉手、合页以及小装饰图案、小雕刻上，用的得当能给家具带来很好的装饰效果。

图1

图2

图3

图1　以点的构成为设计元素设计座椅

图2　瑞士设计师保罗·德甘里罗设计的工作椅，表现了线与面的结合

图3　英国设计师查尔斯·雷尼·麦金托什的作品，突出了线的运用

3. 线的表达

在几何学定义中，线是点的移动轨迹，具有长度和方向性，线的形态不同会使人们的视觉心理产生不同的情感作用。

直线给人以直接、挺拔、向上的速度感。水平线给人以平稳、宁静、广阔的感觉。斜线具有倾斜的不安定感。

曲线给人以轻巧、柔软、流动、优美的感觉，并具有女性特征。

线在家具构成中的应用最为常见，主要运用在家具的形体分割上面，门与门、门与抽屉之间的缝隙、门与拉屉上的装饰线、橱柜的顶部和台面边线等处。不同粗细线、直曲线的结合，层次越多，越具有丰富、华贵之感。中式家具、欧式家具中线的不同运用反映了不同的家具造型风格。

图3

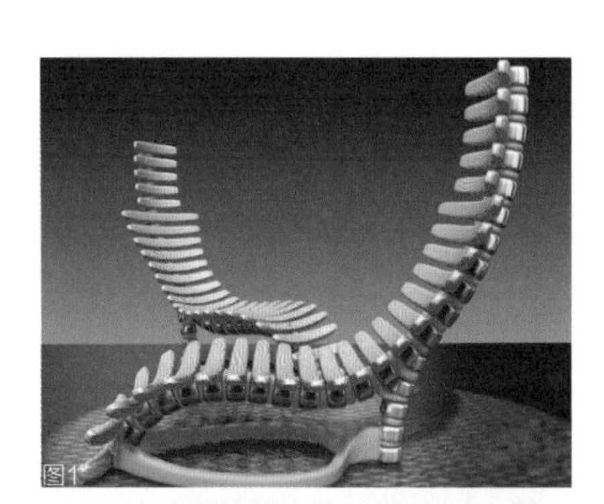

图1

图2

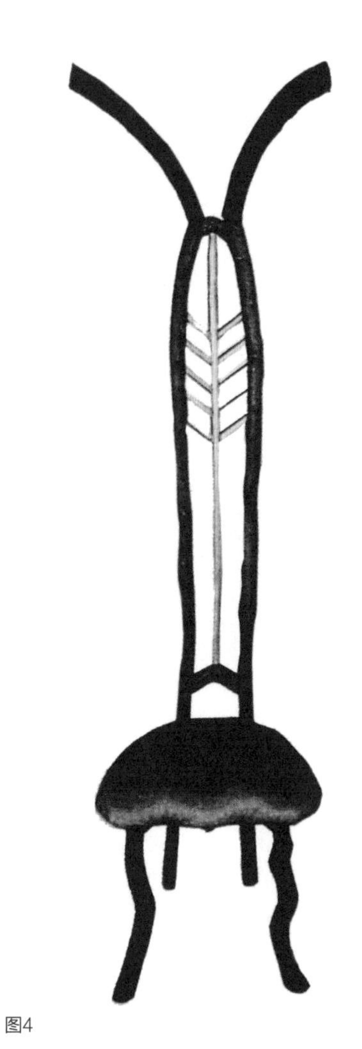

图4

图1 以线的构成为元素设计的靠椅

图2 以线的构成为元素设计的摇摆椅

图3 以线为构成元素的中式圈椅

图4 原木“羚羊条纹”椅（美国设计师唐·金的作品）

4. 面的表达

面是由点的扩大、线的移动形成的、具有长度和宽度两度空间。面有方形、圆形、三角形、多边形等，不同的面也会使人产生不同的情感。

方形具有安定平稳的秩序感，具有坚固、静态、严肃感。

三角形的角向下，具有不安定感；角向上，又有稳定感。运用三角形不同方向的结合在家具构成中会产生轻松活泼的效果，但在设计中使用三角形形态不要过多。

圆形由一条环形曲线完成，在家具中运用圆形可使家具具有一种柔和、甜美、愉快的运动感，并富有时代特色。

面在家具构成中应用十分广泛，所有家具造型构成都是通过面与面的组合来实现的，设计时恰当运用不同面的组合可构成不同的家具特征。

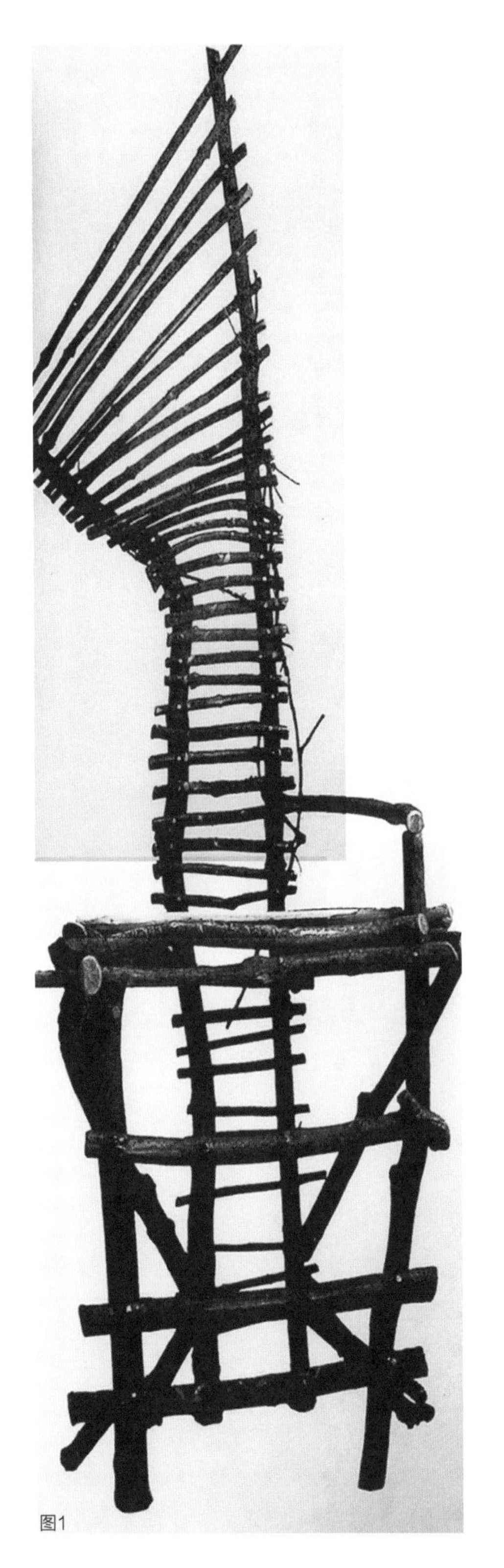

图1

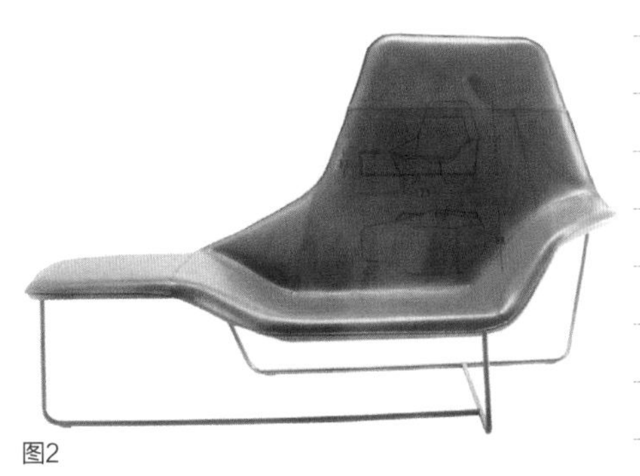

图2

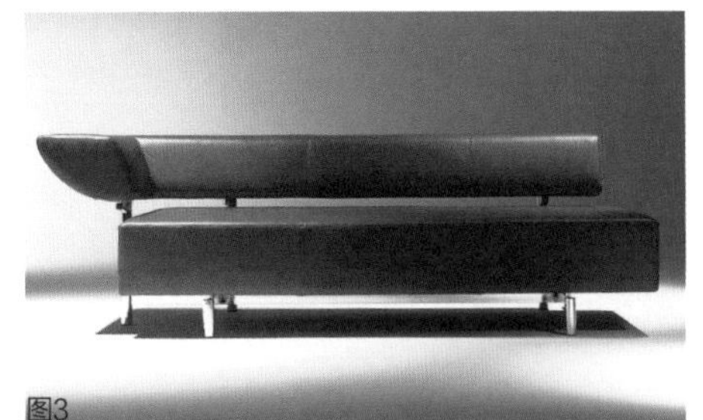

图3

图1 原木座椅，以长短树枝构成的椅子（美国设计师莉丽安·都得森的作品）

图2 多用折面椅，面的表达与线形成强烈对比

图3 长座椅，形成体块对比

图1

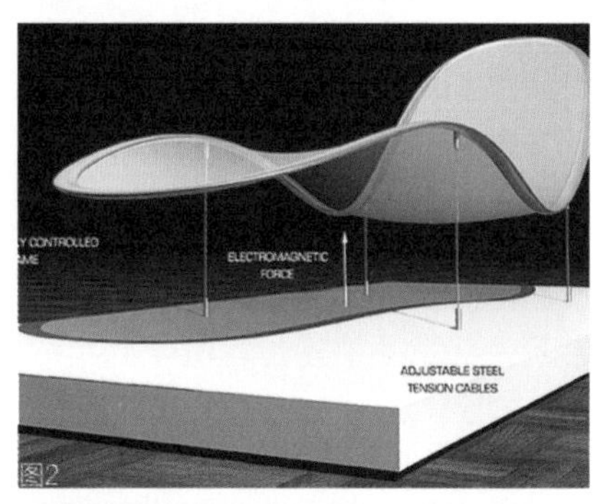

图2

图5

图3

图6

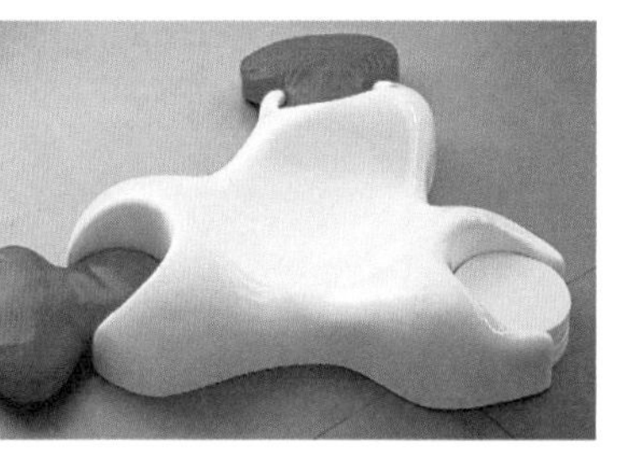
图4

图1 双面长椅

图2 折面躺椅

图3 折面三角形桌

图4 三座位儿童椅

图5 异形桌面造型

图6 连体组合家具虚实结合，赋有重复的节奏美感

5. 体的表达

体是由线、面围合而成的三维空间，具有高度、宽度和深度的特征。体包括几何体和非几何体：几何体有正方体、长方体、圆柱体、圆锥体、三棱体、球体等；非几何体是指不规则的形体。在家具构成中大都是由几何形体来完成的，运用正方体和长方体最多，因为这两种几何体的空间利用率高，且具

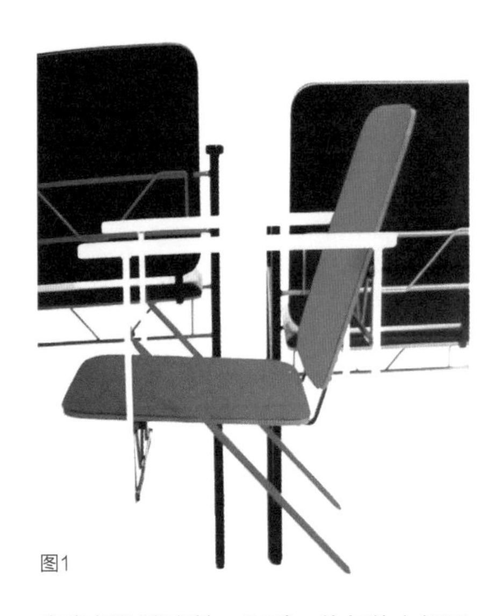

图1

有良好的稳定性，同时，体与体之间易于结合。

体在家具构成中又分为实体和虚体。实体具有体量感，坚固性强，封闭性能好，可防尘、防晒、防潮湿。家具构成用实体来表达庄重大方感，但会使家具显得沉闷。虚体具有轻快、透明、通透性能好的特点，在狭窄的空间里不显沉闷，而且具有陈设的装饰作用。家具构成完全用虚体表现，会增强室内的空间感，但应用不当会使室内空间显得凌乱。家具构成设计更多地使用实体与虚体相结合的方法。在设计中应注意实体和虚体的构成关系，不论哪一种为主，其附属部分的位置、大小、穿插、呼应关系都很重要。

掌握几何形体中的实体和虚体是家具构成设计中重要的一环，根据不同家具的使用功能和使用人群来设计处理，会使家具构成富于变化且具有艺术性。

6. 质感的表达

所谓质感是指自然物质表面质地的感受，不同的材料有不同的质地。如材料中的疏密、软硬、光泽、粗糙与细腻等。这些不同的质地运用到家具中会显现出不同的家具造型品质，给人们带来不同的美的感觉。所以，质感的应用在设计中很重要。

家具材料质感各异：天然材料质感，如木制家具的自然纹理，能够显示出一种亲切、温暖的感觉。金属材料质感，具有光泽性，能表现出一种冷静、凝重的现代感；玻璃材料质感有光洁、

图1　线面结合的座椅（芬兰设计师约里奥·库卡波罗的作品）

图2　异形面的座櫈

图3　不同质感面结合的茶几造型

图2

图3

透明、反射的效果。竹、藤等编织的家具，其质感给人一种柔和、质朴、凉爽的感觉。

经过不同工艺加工处理，家具也会显示出不同的质感。如用同一种材料，运用不同的加工方法，可以得到不同的艺术效果。用木材或人造板进行加工处理，可以获得各种不同的纹理。在玻璃上进行不同的处理，又可产生磨砂、刻花、镜面等不同效果，把这些加工后的质感应用到家具表面，将产生不同的美感。在家具设计中应考虑不同材质的运用，注意材质的对比效果。材质在家具的应用上种类不宜过多，在整体中要求质感变化，形成粗细、大小的对比关系，以及凹凸深浅的对比关系，材质配置需得当，使家具造型丰富生动。

图1

图2

图1　不同质感结合的座凳，具有装饰性

图2　玻璃晶体材质的座椅

四、家具色彩构成设计

色彩是一切造型中不可或缺的因素，任何一种设计给人的第一感觉首先来自色彩，然后才是造型和材质。在家具构成中，色彩运用的好坏，直接影响到家具的外观艺术效果，所以对于色彩知识的掌握是非常重要的。

1. 色彩的三大要素

大千世界中色彩五彩缤纷，万紫千红，色彩对造型是最富美感的一种形式。在众多的色彩中可分为两大类。

第一类是有彩色系列，即光谱中的赤、橙、黄、绿、青、蓝、紫所组成色彩系列；第二类是无彩色系列，即黑、白、灰系列，它们在光谱中是不存在的。

在有彩色系列中可把色彩归纳为三大要素，即色相、纯度和明度，而无彩色列中只有明度的变化，不具备色相和纯度的变化。

① 色相：色相是指色彩的相貌和名称，也就是色彩和色彩之间的区别。自然界中的色彩种类繁多，归纳起来，按照色谱排序为红、橙、黄、绿、蓝、紫六种颜色色相。在这六种颜色中红、黄、蓝为原色，橙、绿、紫为间色。原色单一纯净，任何色相调配都无法调出这三种色彩，而运用这三种原色相互混合，可调配出其他各种不同的色相。如

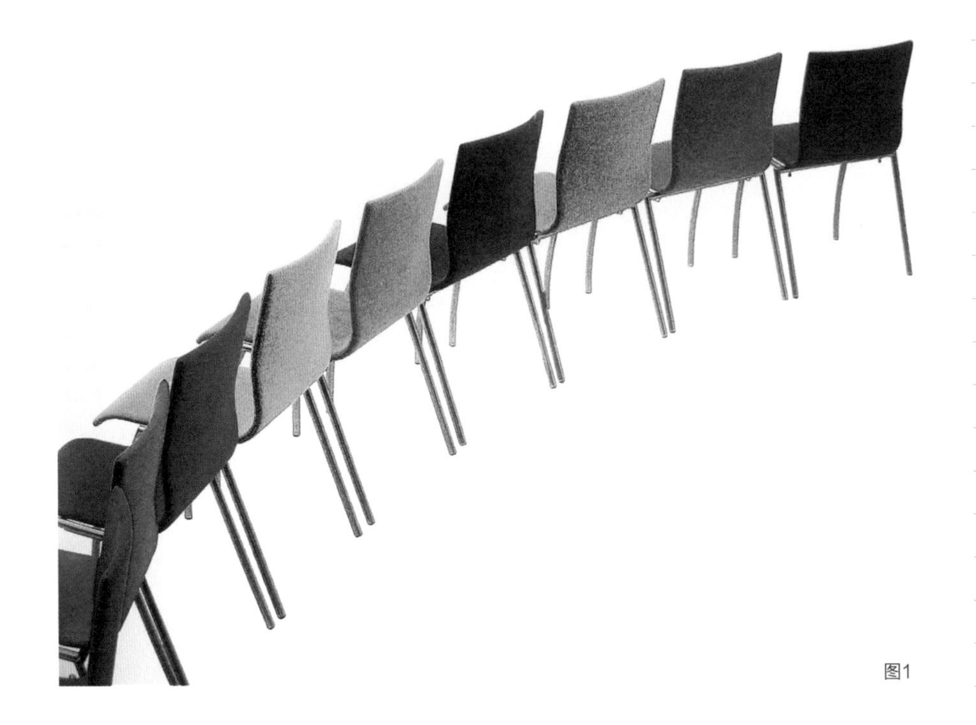

图1

由两种原色相调得出间色，而再次选用两种间色相调会得出复色，在间色和复色中由于相加颜色分量的不同会产生不同的色相，在此基础上再加入不同分量的白色和黑色又会调出更多的色彩。

② 明度：明度是指色彩的明暗程度。色彩的明度有两种含义：一是在同一色相中加入不同深浅的白色或黑色，使之变深、变浅。如在红色中加入黑色变成暗红色，在红色中加入白色则变成浅红色，因加入分量不同形成一个由深红到浅红的红色系列，深色明度低，浅色明度高；二是指在各种色相中本身的明暗程度，如在红、橙、黄、绿、蓝、紫中，黄色明度最高，红色、绿色明度次之，蓝、紫色明度最低。

③ 纯度：纯度也叫彩度或饱和度，是指色彩的纯净程度。在色轮中的色彩不加其他色素，其纯度最高，色彩最鲜艳。如在色相中加入白色使颜色纯度降低，相应明度提高，加入其他色越多，纯度越低。

图2

图1　不同色相的组合椅
丹麦设计师汤姆·沙尔托的作品

图2　不同色相的组合沙发，具有活泼感

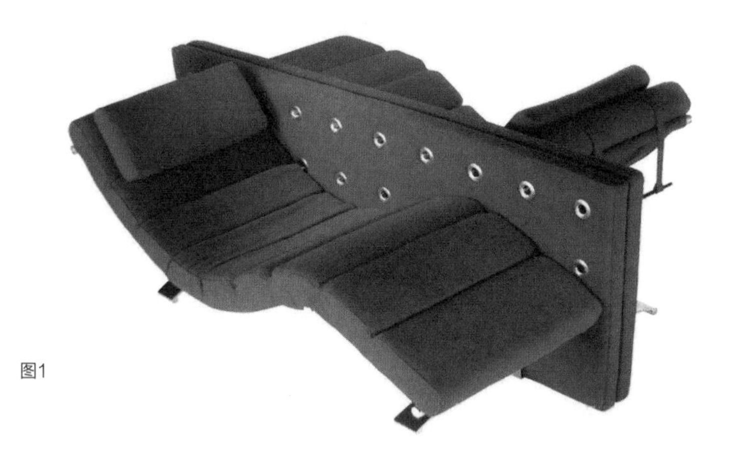

图1

2. 色彩的感受与联想

色彩与色彩相互影响，会使人们对色彩产生心理上的反应，即色彩的感受。色彩感受来自色彩的对比与调和，色彩对比是指色相、明度和纯度之间的对比，因色彩对比不同，会使人表现出兴奋与沉静、温暖与冰冷之感。

不同的色彩又可给人以不同的联想，红、橙、黄色能使人联想到旭升的太阳、火光，给人以温暖感，使人产生热烈、喜庆、兴奋感，也象征光明和希望，并能增进食欲；蓝色、紫色使人联想到大海、月光、阴影，给人寒冷、悲伤的沉静感；绿色使人联想到环保、年轻、生命力、平静、舒适，有助于使病人早日康复；黑、白、灰色彩系列使人联想到深夜、恐惧、严厉、神秘、雪花、纯洁、神圣、抑郁、暗淡、暧昧等。

纯度高的色彩给人以兴奋感，纯度低的色彩给人沉静舒适感；纯度高的色彩还能使人感觉到华丽，纯度低的色彩使人感觉到朴素。从明度上看，明度高的色彩使人活泼并具有华丽感；明度低的色彩使人感到忧郁和朴素。白色和金属色使人感觉华丽，黑色则使人感到忧郁、朴素。另外，色彩还能表现出轻重、软硬、大小、远近的感觉等。

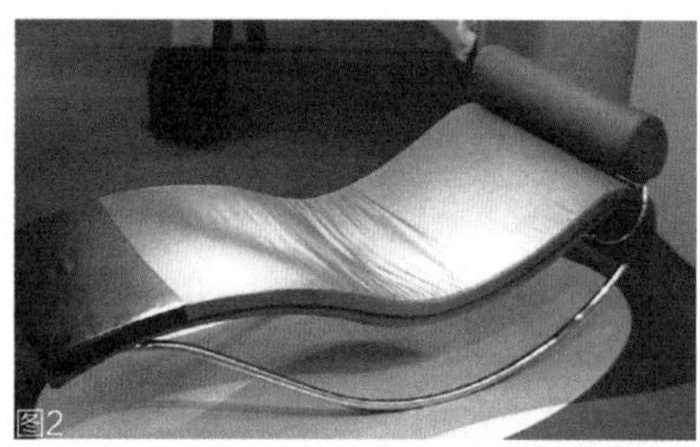

图2

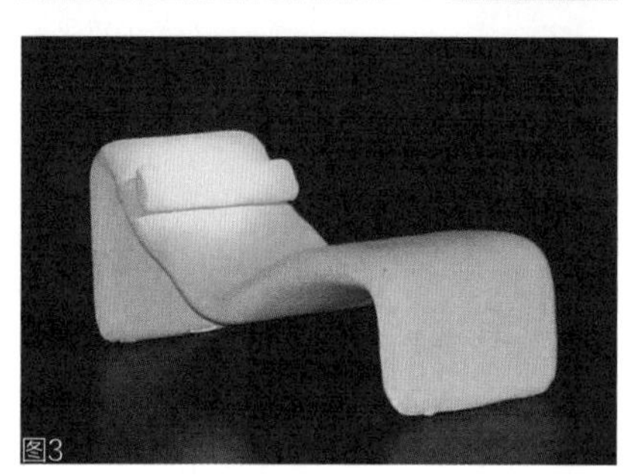

图3

图4

图1　法国设计师克里斯托费·费朗科伊斯的设计作品

图2　躺椅色彩运用暖色，给人以温暖感

图3　单一色躺椅，给人以沉静感

图4　不同色彩组合的沙发，可调节室内气氛

图1

图2

图3

明度高的色彩给人以轻盈的感觉，明度低的色彩给人以沉重的感觉，中性明度色彩具有柔软感，纯度高和明度低的色彩具有坚硬感，黑白两色均有坚硬感。

暖色和亮色具有扩张感，冷色和低明度色具有内聚感。在家具配色中，不仅要考虑色彩审美的一面，还要考虑色彩给人带来的不同感受。

3. 家具色彩构成设计及应用

在家具构成中，色彩是家具造型中很重要的一个方面，造型与色彩结合得恰当，色彩会使家具造型更完美、更生动，功能更突出，时代特色更鲜明。反之，色彩运用不当，则直接影响家具造型美。家具色彩主要表现在色调、色块和色光搭配的处理上。在家具色彩设计时，首先要考虑的就是色调问题。

（1）色调的组织

传统家具单一色比较多，现代家具色彩多用两种色彩或三种色彩来搭配，这需注意色调的整体感。在色调的设计上，根据不同风格、不同功能和不同使用者，有真对性地确定色调，以一色为主，其他色为辅，形成一种调式，如深色调、浅色调、暖色调和冷色调等。一般浅色调和调合色家具，显得轻快、雅致、柔美；深色调家具显得沉稳、庄重大方、高档；暖色调家具显得温馨、甜美；冷色调家具显得安静、凉爽、清新。色调的选择可根据使用环境来进行，用同类色相中的不同深浅变化进行搭配，也可以选不同色相中的类似色进行搭配，还可以用对比色进行搭配。

① 同类色配置，是同一色相中深浅变化，这种配色方法简便易行，容易取得谐调的效果。关键要掌握好明度的区别，如果明度过于接近，主次不清，易平淡。配色间隔过大，容易产生生硬失调感。一般同类色以小间隔三度配色为佳。

图1　异形布面座椅，造型自由，色彩构成谐调

图2　色调统一的套式组合家具，钢木结合沙发

图3　意大利家具，兼有躺椅功能

图1

② 类似色配置，是色相中比较接近的颜色。这种色彩配置也容易取得谐调的效果，但要注意明度的差别，同时也要考虑纯度上的差别，两色相调配，一色纯度弱，另一色纯度可高一些，以求得家具色彩的谐调。

③ 对比色配置，在色彩中是互补关系，两色彩相配，各显其特色，一般适于儿童家具。根据儿童的特点，色彩可选用对比度和纯度高一些的，但也要注意纯度上的差别，同时注意面积不能相等，这样既有对比，又有统领色调关系，避免色彩过于强烈。以同类调和色配置的家具色彩，比较淡雅和柔美，以对比色配置的家具色彩，显得明快，富于朝气。

（2）色块的配置

家具上的色块是色彩与色彩之间的构成关系，色彩与块的大小不同，其达到的效果也不一样，色块在家具上主要起到色彩点缀的作用和平衡的作用。色块与色彩构成应注意呼应关系，大小分布要得当，并有疏密及形状的变化，使家具色彩在稳重中赋予活泼。

（3）色光的使用

家具在色彩构成中不仅要考虑色调、色块的问题，还应考虑色光的使用，尤其在现代家具设计中，色光的使用非常讲究。有了色光可吸引人的注意力，丰富家具色彩，增强家具造型的美感，同时在室内起到调节环境气氛的作用。

图2

图3

图4

图1　扶手椅——蝴蝶之吻（意大利设计师克利斯坦·高林的作品）

图2　变化丰富的色块组合家具，极有活泼感

图3　高低组合家具，色彩鲜明

图4　大体色块构成的高低柜组合

图1

图1　扶手椅，色彩变化丰富意大利设计师帕特里克·诺格斯特的作品

色光通常使用在床档隐蔽处、家具虚空间空格中、家具顶部及透空门里，有的置于家具底部，其形式多样，既有装饰性，又具备夜间照明作用，很有浪漫情调，但注意不要过亮，冷色光不宜过多。

色彩在家具中的应用主要有以下几种。

① 用显现木质天然纹理的透明无色漆来涂饰表面，呈现木材固有本色。通过透明色漆涂饰的特殊工艺处理，使纹理更清晰，木质感更强，颜色更加鲜艳，既环保又自然，起到保护木材纹理的作用，可提高家具的使用寿命。

② 改变天然木材的固有本色，在透明漆中加入天然色染料，变为有色漆，以此丰富自然木材色彩，达到与环境色彩整体统一谐调的效果，并能显现木质天然纹理的透明色漆。

③ 不能显现木质的天然纹理的不透明漆，通常称为混漆。混漆是用含有颜料的不透明涂料，如各类磁漆和调和漆涂饰于家具表面，完全覆盖木材原有的纹理和色彩。涂饰的颜色可任意选择调配，一般适用于较低档的木材和人造板材上，其色彩丰富，具有装饰性和时代感，适用于青年人和儿童。无论是透明无色漆、透明色漆，还是混漆，在家具饰面上均可表现出亮光、亚光和半亚光的效果。制作时，可根据人们的喜爱自行选择。

④ 贴面材料装饰色彩。随着现代科学技术的发展，人们的环保意识不断加强，新品种贴面材料在家具中得到广泛运用，为家具造型装饰提供了众多的色彩。贴面材料有天然薄木贴面，用这种方法可使人造板制造的家具具有珍贵木材的美丽纹理和色泽，在减少珍贵木材的耗费的同时，使家具具有自然美。PVC防火贴面板、仿真印刷的纸质贴面，在家具制作中可直接选用，不需要再次上色，应用非常便利，并有很好的耐高温、防潮、防划的坚固性。在家具设计中根据设计的需要，有的完全使用贴面材料，有的用于点缀色彩，具有很强的装饰效果。

⑤ 金属、玻璃、塑料的色彩。现代工业发展适应了现代家具的批量生产，金属、玻璃、塑料家具丰富了家具品种，其色彩体现出不同的感受，使家具造型更加完美。金属电镀、不锈钢、金属静电喷漆在家具中闪耀着光泽。玻璃色彩的晶莹透明，塑料色彩的艳丽，为家具色彩增添了特殊艺术效果。

图1

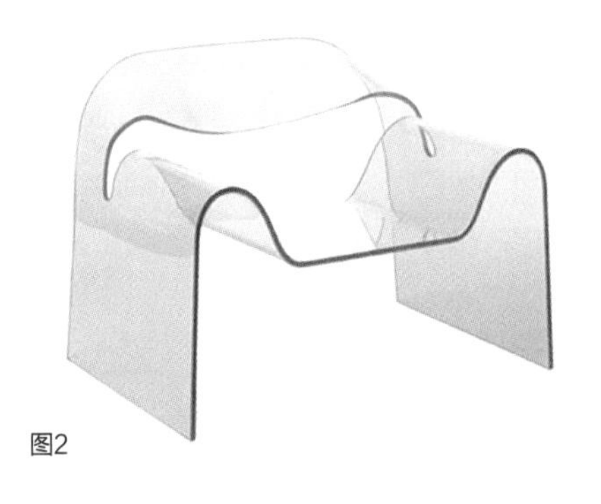

图2

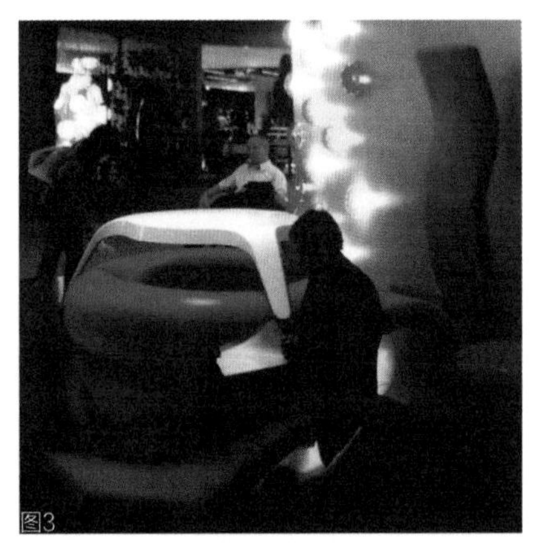

图3

图1　躺椅（不同质地的色彩组合）

图2　玻璃质感的座椅

图3　塑料质感的座椅

⑥ 软体家具的色彩。软体家具是指那些带有皮革、织物材料制成的家具，一般用于沙发、床垫、靠背，也有用于墙壁等。软体材料的特点不仅是色彩丰富，质地富有变化，更主要的是具有千变万化的装饰图案，在现代室内空间中可起到很好的装饰作用。

总之，家具色彩的选择要考虑家具的整体效果，要结合家具的造型、功能和所处的环境色来统一考虑，不能孤立进行。一般居住空间家具用色多选用暖色调，暖色在居室中显得温馨、自然、高雅。大空间的居室家具色彩可选用深一些的，小空间的居室家具色彩可选用浅一些的，这样会使小面积居室显得宽敞，大面积居室更稳重，给家具空间注入活力。

图1

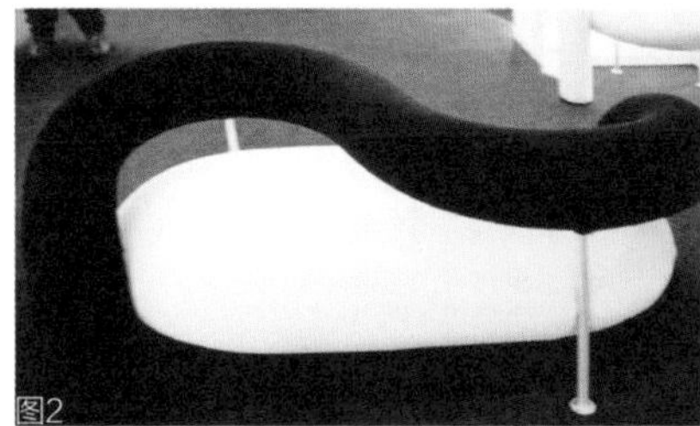

图2

图3

图4

图1　沙发款式十分新颖，高低、凹凸变化构成整体造型，色块对比分明

图2　双人椅，适合两人交流，S形靠背既舒适又富有变化

图3　皮质扶手椅，相对应色块的应用构成了大胆和谐之美

图4　布面花瓣形座椅具有自然之美

五、家具装饰构成设计

家具构成不仅要造型美、色彩美、质感美，还需要利用其他装饰进行点缀。装饰是家具构成中不可或缺的一个组成部分，它可使家具造型进一步得到完善，增强家具艺术的表现力，因此，装饰设计力求简洁明快，色彩与家具谐调统一。

家具装饰可从以下三方面来考虑。

1. 点、线、面装饰构成设计

家具装饰离不开点、线、面。点、线、面装饰可单独使用，也可相互结合运用，根据不同家具风格特点和使用功能进行不同的设计构思，有的家具可表现出活泼的特征，宜采用点来装饰，这些点可以是抽象的几何点，也可以用具象的形态，但在设计中应注意大小、疏密的关系。线的运用要根据家具不同造型特征选择成型，直线或曲线，阴线或阳线等。家具想表现淡雅效果，宜采用曲而长的细线来装饰。有的家具具有粗犷、浑厚的特征，可选用刚劲有力的粗线条来装饰，还可以粗细线结合使用。线型装饰形式多样，在我国传统家具中用线来装饰家具的例子很多，尤其明式家具中十分重视线的表现。面的装饰在家具中的运用能体现出一种厚重的力量感、层次感。在设计家具造型时，要充分利用点、线、面的装饰语言，并借鉴古今中外家具上点、线、面装饰的应用方法，为家具造型增添活力。

2. 自然纹理装饰构成设计

大自然中各种物质都有各自的纹理特征，在家具设计中，要善于利用这些纹理特征对家具进行装饰。不同的纹理经过设计，会得到不同的装饰效果。在加工方法上也因加工工艺的不同，又形成了不同的纹理变化。

纹理的走向有直纹、斜直纹、粗纹、细纹、疏纹、密纹等变化。从木质的软硬度上看，一般硬木纹理较大且变化多，软木纹理较小且变化少。在家具设计中可利用自然纹理进行拼贴，按照设计要求，可做成不同形状、方向、大小及不同色彩的拼贴图形。拼贴的方法千变万化，在拼贴中应从整体着手，要与家具造型统一，在色彩配置上要和谐，变化不要过多，除木质纹样以外，还可以利用大理石、仿制琥珀、玛瑙纹样以及其他材料加工处理的仿天然纹理作为家具表面装饰，以增强家具艺术效果。

3. 五金配件的装饰构成设计

家具表面装饰除自然纹理以外，更多地运用五金配件进行装饰，无论是现代家具，还是古典家具，五金配件作为家具装饰是不可缺少的，应用得当，既可体现现代家具时尚美，又可体现古典家具豪华美，很有特色。常用的五金配件有拉手、合页、锁、套脚、流轮、连接件等。

虽然这些五金配件体量小，运用在家具上却能起到很大的装饰作用。目前市场上销售的五金配件花样繁多，选用什么样的配件进行装饰，要与家具的造型风格一起考虑，绝不能单看一个拉手很漂亮，就用来作为装饰，若整体考虑选择不当，就会因小失大，起到破坏整体的作用。因此，选择五金配件作为家具装饰是家具构成中很重要的一部分，也是家具艺术造型中一门学问，运用得好，会起到画龙点睛的装饰作用。

家具装饰无论采用哪一种方法，都要从家具设计的功能、结构和风格上考虑，做到以少胜多，适当、适度，不要过于繁琐，让装饰真正起到烘托和表现艺术效果的作用。

第 4 章　家具结构设计

不同家具在制作中因使用材料的不同，其接合方式也存在着差异性。木质家具常用榫接合和五金件接合两种方式；金属家具是用插接合、焊接合、铆接合等形式；竹、藤家具结构是以骨架和面层接合，在家具中结构设计是否合理，直接影响家具的美观和坚固性。因而，结构设计是家具的重要组成部分。我国明清家具在世界上之所以具有如此影响力，除了造型以外，关键在于家具结构严谨，制作工艺精良，每一部分都做到了造型与结构的完美结合。

一、木质家具的接合结构

1. 榫接合

榫接合是传统家具中最常用的一种接合方式，一般框式家具离不开榫接合，其接合特点榫头插入榫槽组合而成，榫头形状分直角榫、燕尾榫、圆榫。

直角榫：直角榫的榫头断面是直角形，同时与榫肩成为直角。

燕尾榫：燕尾榫的榫头向榫肩收缩有一定的倾斜度。

圆榫：圆榫的断面是圆形的。

榫头接合关系可分为以下几种类型。

（1）单榫、双榫和多榫

从榫的数量上可分为单榫、双榫和多榫结合。一般在木方一端只有一个榫头的为单榫，有两个榫头的为双榫，两个以上榫头的为多榫。单榫又分为单面切肩、双面切肩、三面切肩和四面切肩等形式。

榫头多，黏合面积大，家具不易变形，而且越坚固。在传统框架家具桌椅，多采用单榫和双榫，抽屉箱多采用多榫。

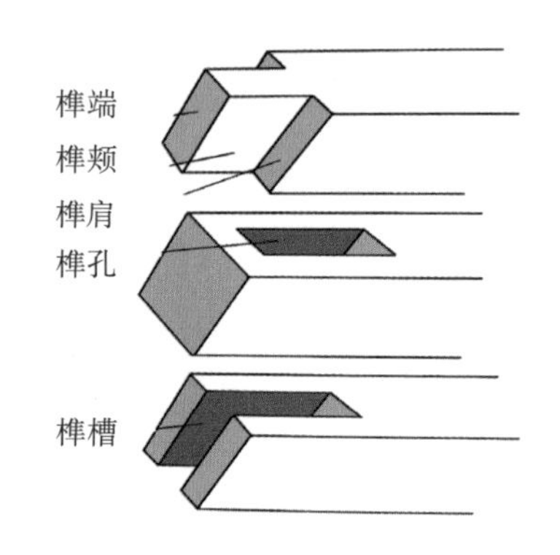

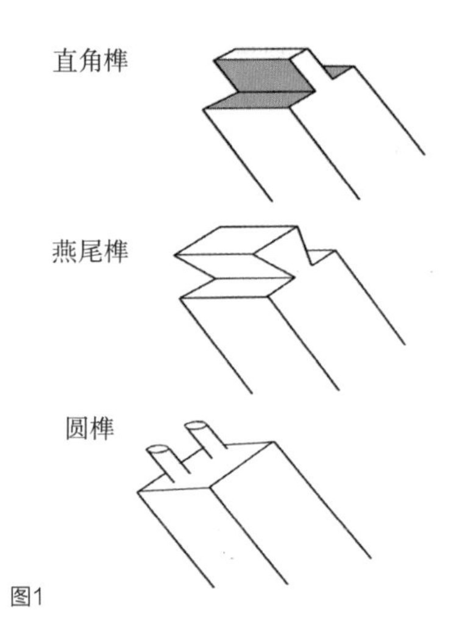

图1

图1　不同榫结合方式图例

（2）明榫和暗榫

榫头的长短在木方端头会出现外露和不外露的形式，外露的为明榫，不外露的为暗榫，明榫承重强度大，不容易发生扭曲变形现象，一般门、窗、工作台多采用明榫。

暗榫在框架外看不见，因榫头相对比较短，强度不如明榫牢固，但家具表面比较美观，装饰效果好，大多用于高档明式漆家具。

（3）开口榫和闭口榫

开口榫与闭口榫的区别在于能否看到榫头的侧面，开口榫外露，加工制作比较容易，不足之处为牢固程度低，且会影响表面的美观。闭口榫接合，外观美观，稳固度高，所以一般家具多采用闭口榫接合。

（4）整体榫和插入榫

直角榫和燕尾榫的榫头与木质相连接为一个整体。插入榫是与木质分离活动的，一般圆榫多为插入榫，这种方法要求做工精细。

明榫

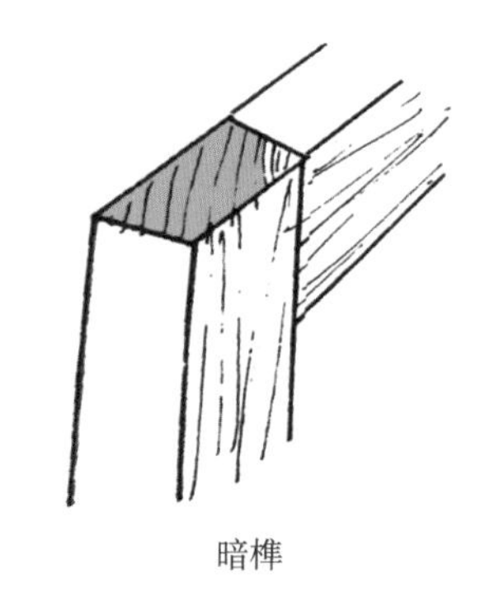

暗榫

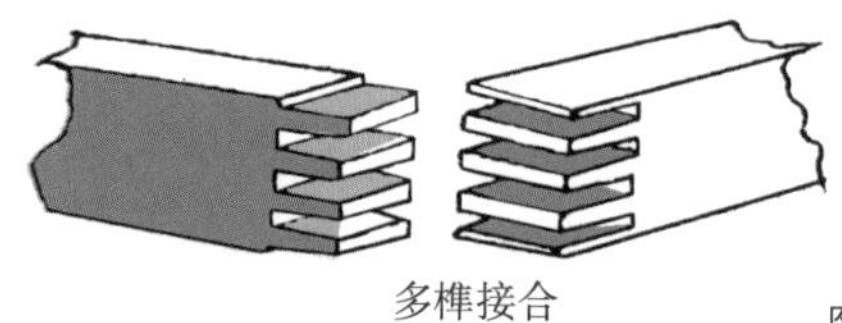

图1　　多榫接合

图1　不同榫接合方式图例

2. 榫接合尺寸要求

家具的牢固与否，常出现在榫接合部位，榫接合必须要符合一定的尺寸要求。

（1）榫头的厚度

一般单榫厚度在方材断面厚度的0.4mm～0.5mm，为了易于插入榫眼，常将榫端的两面削成或四边削成30°斜棱与木材断面在40mm×40mm时应采用双榫，这样可防止方材扭曲。如榫头大于榫孔时，容易使方材破裂。

（2）榫头的宽度

榫头的宽度一般是指切肩单榫的肩宽为方材的1/3。

（3）榫头长度

明榫榫头长度要大于榫眼深度，接合后刨平，暗榫的榫头长度不要小于榫眼厚度，在与榫眼接合时，要留有2mm左右的空隙，过长会使榫肩与方材出现缝隙，影响坚固性能。

（4）榫孔

榫孔的大小及形状是根据榫头的尺寸来确定的。明榫孔的深度是和榫头长度相等，暗榫孔的深度比榫头部分要长出2mm，榫头过长会顶住榫孔的底部从而出现缝隙。

二、部件结构方式

1. 拼板接合

将小块木板拼接成一定规格较大的面材，在拼接前应考虑板材的含水成分及材质品种的一致性，否则容易收缩变形和影响面材美观。

（1）平板接合

窄幅板用胶合剂拼成宽幅板面，平拼面可以是平面也可以是斜面，斜面在加工时难度大，拼接比较牢固，但在胶拼过程中，表面不易对齐，需在拼接时将板刨得平整。

（2）裁口接合

将拼板对齐，裁掉两板上下半面，相互胶合。

（3）槽榫接合

有平直槽榫和燕尾槽榫两种接合方法。将木板的一面加工成凸起的榫头，另一面加工成凹进去的榫槽，它们相互插接完成，这种方法具有稳固性。

（4）齿形接合

木板胶接面上加工成带有两个以上的小齿形，相互拼接，齿形接合加工制作复杂，难度较大，但拼接后板面平整牢固，这种拼接方法相对用得较少。

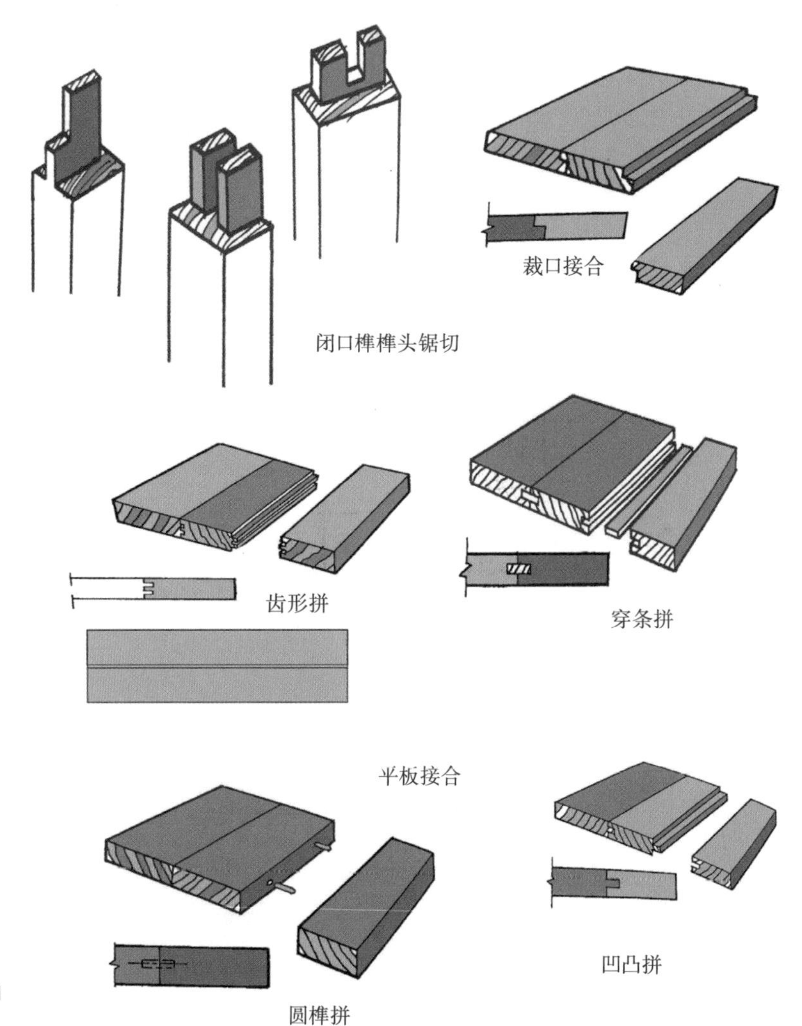

图1

图1　不同拼板接合结构示意图

（5）板条接合

在拼接后的板面上，用裁口的形式加工成通长的凹槽，在凹槽中用胶合剂插入小板条与两板紧密地接合起来，这种方法的优点是可以控制板面弯曲变形，保持板面平整。

（6）圆榫接合

在平整的板面边缘上钻出圆孔，将加工好的圆榫插入圆孔中，从而加强接合的强度。

（7）竹钉接合

竹钉接合与圆榫插入接合相同，所不同的是运用竹钉替代了圆榫，使拼接更牢固。

（8）螺钉接合

分明螺钉和暗螺钉两种，明螺钉接合是在拼板的背面钻有螺丝孔，将螺丝拧入。暗螺丝加工方法复杂，靠螺丝帽与槽孔的配合使之结合在一起，为了表面美观，在槽孔中加入木圆榫。

（9）螺栓接合

用于大板材的接合方法，多用于工作台、实验台等，具有一定的强度。

（10）拼板镶端接合

为防止拼板受潮发生翘曲变形，需采用镶端方法加以控制，一般绘图板、门板、工作台经常使用这种方法，既牢固又美观。

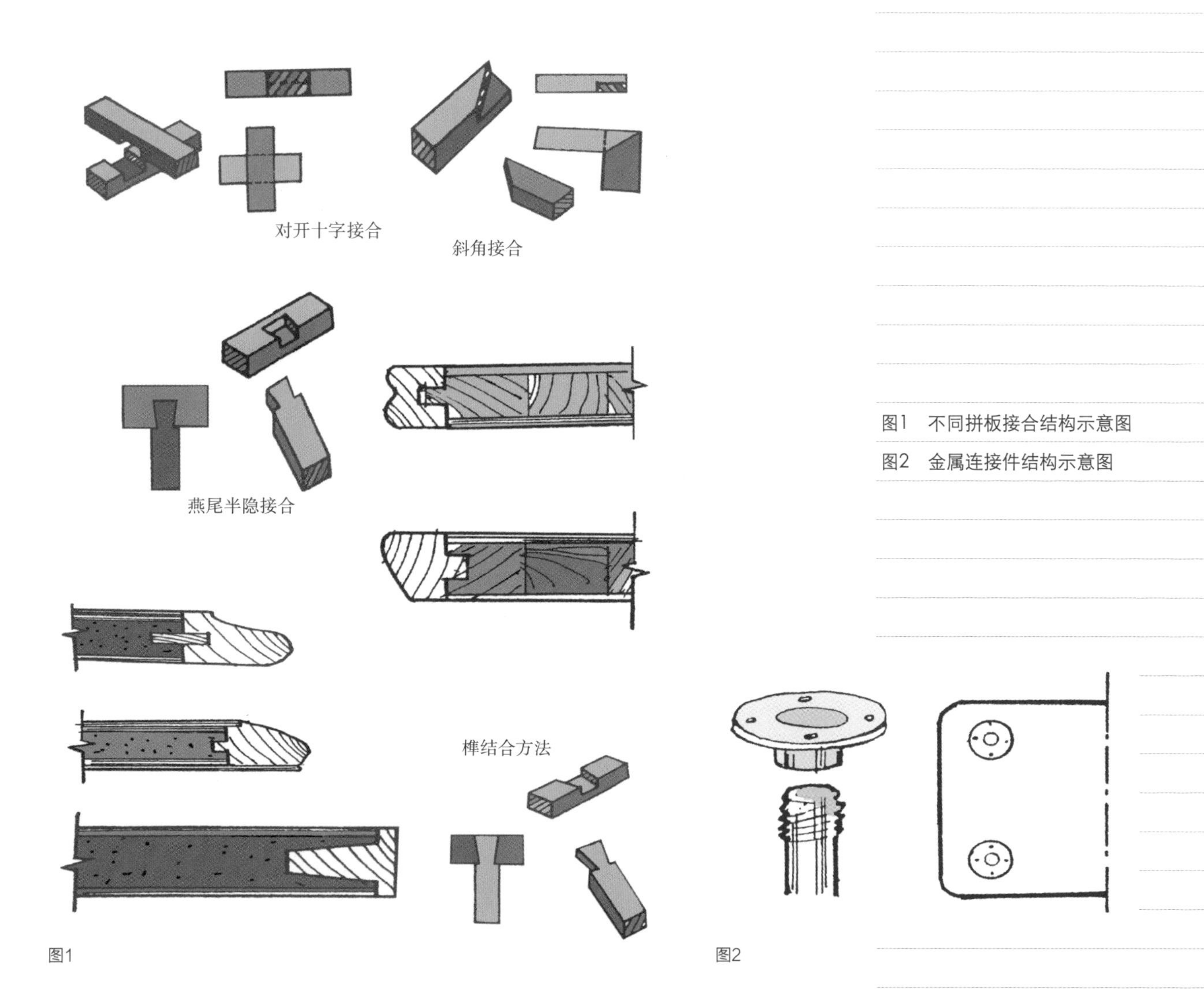

图1

图2

图1　不同拼板接合结构示意图

图2　金属连接件结构示意图

2. 金属件结构

金属件在家具制作中是不可缺少一项内容，家具上金属配件用的是否得当，不仅使家具增加功能性，还能为使用者带来方便，同时使家具起到美观装饰的效果。

家具上金属配件种类较多，现将常用的几种作以介绍。

（1）连接件

主要用于拆装家具，是金属件中应用最多的一种，连接件搭配合理，能使家具既美观又经久耐用，所以又称紧固件。

（2）铰链（合页）

在家具构成中用于开门部位的连接。门的开启方式根据材料的不同，铰链的结构形式也不一样，有长铰链、短铰链、暗铰链、玻璃门铰等。铰链的使用既注重功能性又要发挥其装饰性。

（3）支承件

支承件用于支承柜体和阁板、垫脚、挂衣杆等金属杆。

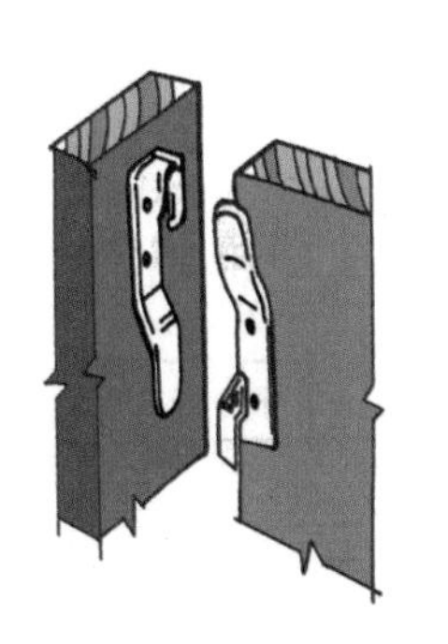

图1

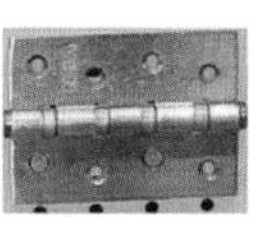

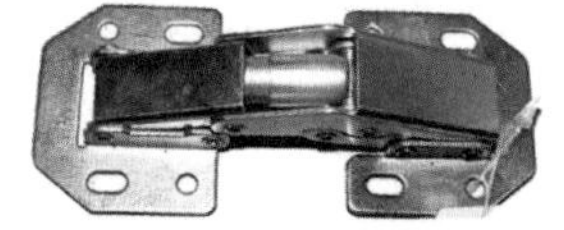

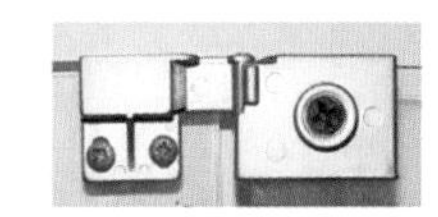

图2

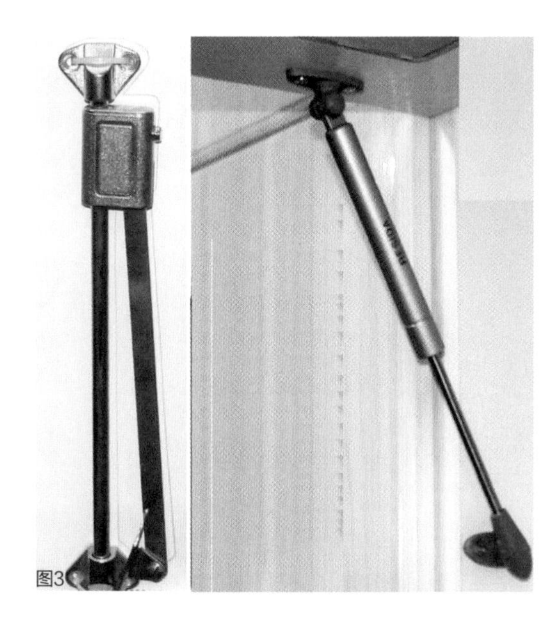

图3

图1　家具金属连接件结构示意图一

图2　家具金属连接件结构示意图二

图3　家具金属连接件结构示意图三

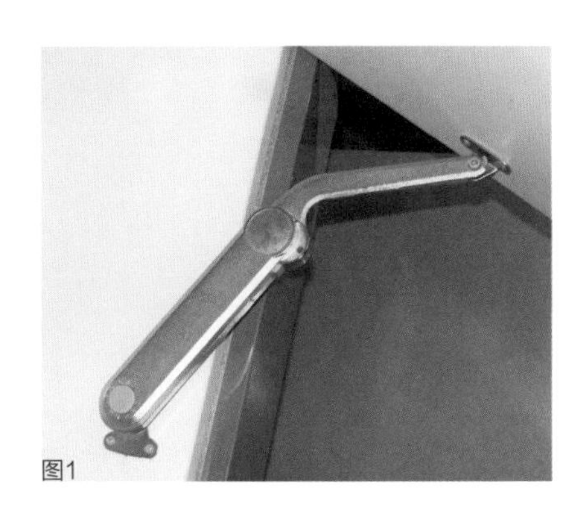
图1

（4）脚轮

脚轮常用于可移动的家具上，使用方便，一般常用于办公椅及一些橱类家具中。

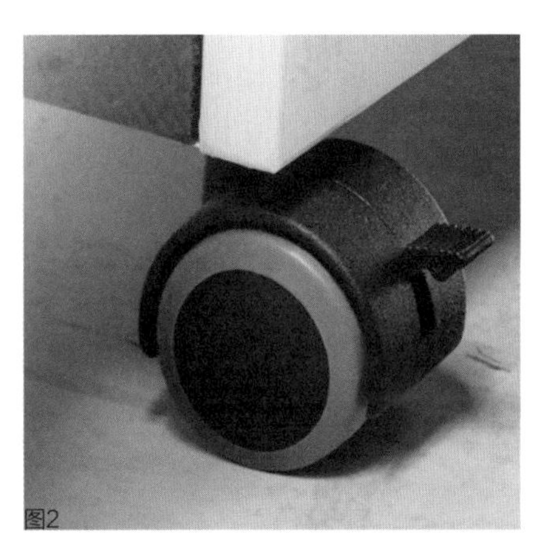
图2

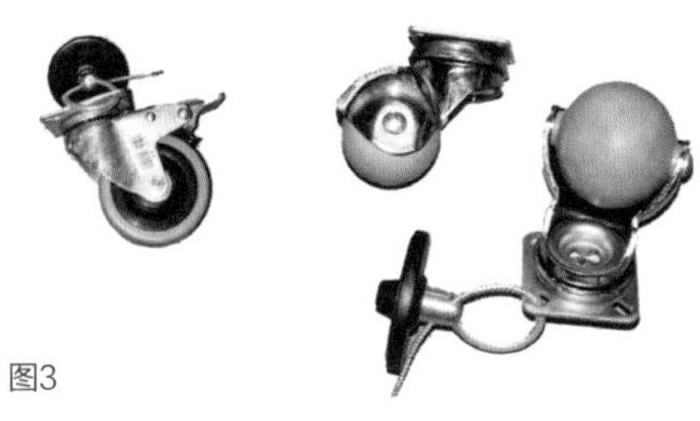
图3

（5）拉手

家具上少不了拉手，它不仅方便人们的使用，而且也能起到装点和美化家具的作用，拉手的样式需根据不同家具的样式进行选择。

图4

（6）锁

锁常用于办公桌、文件柜、衣柜门及抽屉上。不同类型的家具，安装锁的样式也不一样，可根据家具风格来选择。

（7）滑轨

主要指抽屉用的导轨和计算机键盘架、电视柜伸缩门等。现代滑轨设计结合科学性、功能性、审美性、智能性于一体，使用起来非常便捷。

图1～图5　家具金属件图例

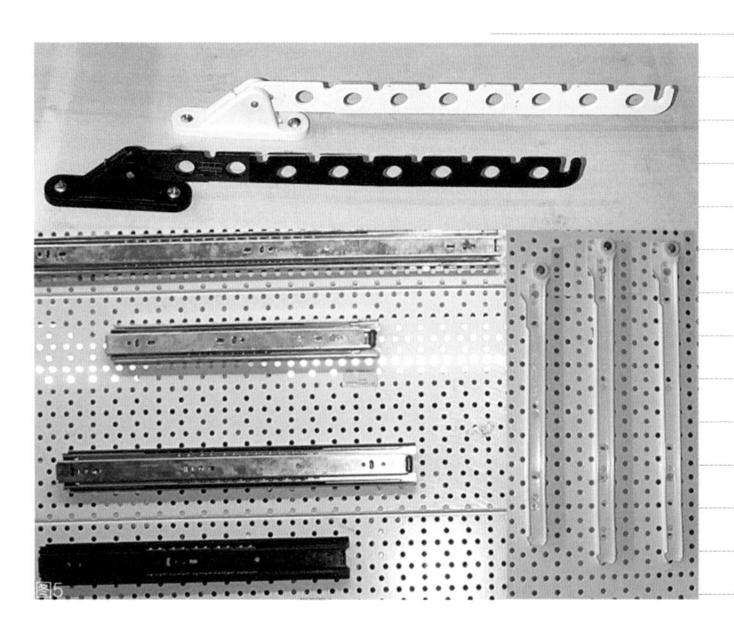
图5

第 5 章　家具构成设计形式

现代社会发展迅速，人们的生活水平不断提高，居住空间不断扩大，居室功能也日趋完善。由于室内空间功能的细化，人们对不同功能的家具设计要求越来越多样化，这需要设计人员根据不同室内空间环境创造出适合于不同空间的家具造型。

空间家具构成形式按使用场所的不同，可分为居住空间家具和办公空间家具。

一、居住空间家具构成形式设计

居住空间家具构成设计，是指在满足人们使用功能的前提下，按照人们审美要求和形式美法则，进行大胆构想，着重体现不同风格和个性的家具造型，以此满足人们生活需要，陶冶人们的审美情操。

1. 卧室家具构成设计

人的一生中近1/3的时间是在卧室中度过的，卧室是人们休息和睡眠的活动场所，同时也是更衣、存放衣物及梳妆的场所。根据卧室的功能特点，其主要家具有床和床头柜、衣柜及梳妆台等。

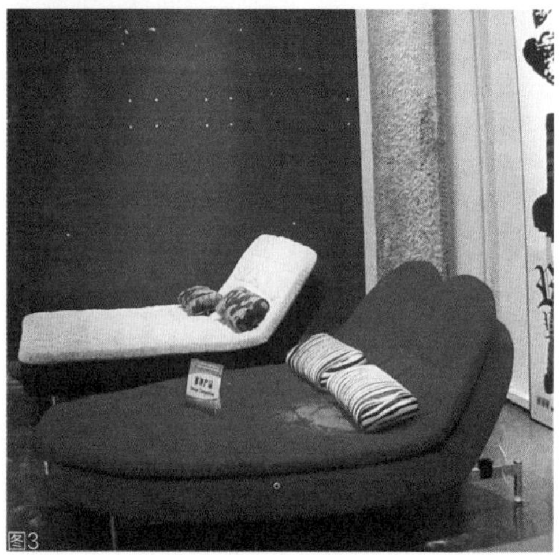

图1　床前的灯光照明既舒适又具特色

图2　可活动的床体，便于人体活动的舒适性

图3　床与垫分明的造型

（1）床

床分为单人床和双人床

根据人体尺度，单人床一般长度在长2000mm、宽800mm左右，床高加上床垫不高于480mm。如果床过高，人坐在床上时会双腿悬空，使人感觉不舒服；过低人坐在床上会双腿弯曲，也感觉不舒适。所以，床的高度以适合人体尺度为宜。

双人床的尺寸：长2000mm、宽1500mm、高480mm左右，当今随着人们居住面积的改善，有的床宽已增加到1800mm。

床的构成造型主要内容在床档的设计上，因为它处于人的视线中心，所以床档设计尤为重要，床档的高度可根据居室空间的面积和风格来确定，但不要低于400mm的高度，过低人靠在上面不舒适。床档的构成样式千变万化，要利用床档的高低、前后层次变化来丰富床的形象造型，床的颜色以沉静素雅为好，以适于睡眠环境。

（2）床头柜

床头柜是位于床边的小型柜具，是卧室家具中不可缺少的一部分。床头柜形式多样，有的床头柜置于床的两边，有的置于床的一边，有的床头柜与床形成一个整体，有的床头柜与床又是分体的，无论哪种形式其功能都是用于摆放台灯、水杯、书报和钟表等作用，来方便人的使用。

床头柜的尺寸没有严格的标准，可根据卧室空间的大小、床宽来确定。过低过高都不便于取放东西，一般床头柜的高度在450mm～550mm，宽度在500mm～600mm，厚度在400mm，可设计抽屉、门和空格等形式。

图1　布面软麻材质，床头形态富于变化

图2　床的宽度增加，增加了实用功能

图3　多功能圆形沙发床，是现代人的理想追求

图1

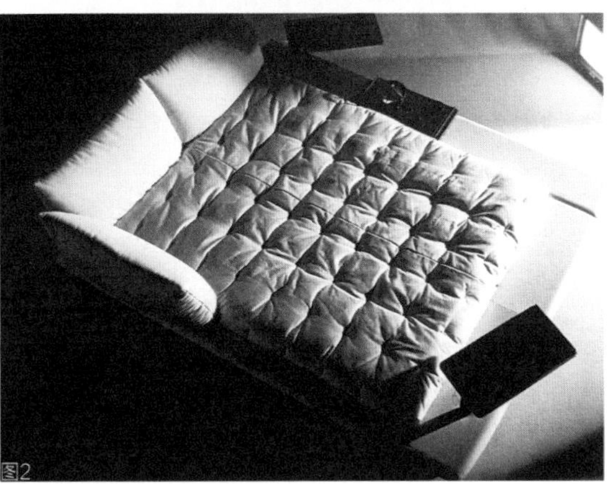

图2

图3

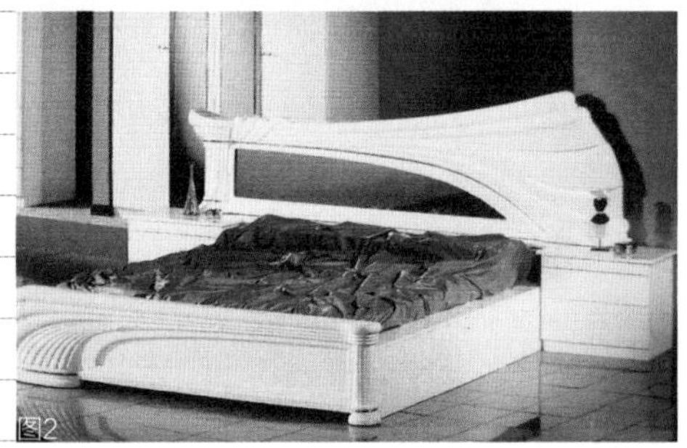

（3）衣柜

衣柜在卧室空间中是用来存放衣服、被褥的储藏家具，同时也是卧室中一件较大的陈设品。衣柜的大小、高低应根据卧室空间面积和存储衣物的多少来确定。一般衣柜的高度有1800mm、2000mm、2200mm、2400mm等几种类型，并分为上下两个空间，一是挂衣服的空间，二是存储被褥的空间。挂衣空间高度不低于1250mm，要适宜人体的高度，便于人们的取放，存储空间置于柜的上方或下方均可。

衣柜的宽度有800mm、1000mm、1200mm、1800mm、2250mm等不同尺寸，有双门衣柜、三门衣柜、四门衣柜、六门衣柜等形式。

衣柜的厚度要根据挂衣方式来确定，挂衣有横向、纵向两种，纵向挂衣其厚度应不小于500mm。衣柜设计主要表现在门扇的分割形式和材质的运用上，如果以上两项构成合理，就是一款比较成功的家具设计。

（4）梳妆台

卧室中有梳妆台，既可丰富居室空间，又为家庭带来了温馨感，给居室增添女性色彩和情调，梳妆台的式样、款式、色彩等要根据女主人的职业、年龄、爱好和品位来确定。

梳妆台分为台和镜两部分，一般梳妆镜和台是一个完整的组合体，有的梳妆台是分体的，梳妆镜悬挂在墙面上。

梳妆台的高度在650mm～720mm，宽度可根据卧室空间的大小和主人的使用要求来确定。一般梳妆台在800mm～1600mm，深度在400mm～450mm。

梳妆台设计较富于变化，重点应在镜、台的装饰上多作文章。注意运用平衡的构成方法，多用曲线处理，可使家具形象表现更生动。

图1　线型变化丰富的床体造型

图2　床头床尾造型相对应的床造型设计

图3　组合衣柜空间功能分布合理有序

图4　多门大衣柜设计

（5）儿童卧室家具

儿童卧室家具近几年在我国发展速度较快，系列家具设计款式多种多样。根据儿童年龄的特点，家具造型突出表现在多功能、简约化、装饰性等方面。有很多家具设计师开始模仿自然形态及人工制造的玩具、文具等具象形态。儿童家具色彩和质感表现力丰富，在色彩的搭配上，色彩比较艳丽，明快。常用色彩搭配有以下几方面：以暖色系的粉色搭配红色，浅黄色搭配橙色，浅橙色搭配红色；以冷色系的浅蓝色浅黄色搭配深蓝色，蓝色搭配浅紫色。无论那一组色彩都可以再与白色相间，使家具色彩更突出，符合儿童的心理需求。

儿童家具在材质上的运用，除了与其他家具取材相同外，为了安全考虑，在家具某些部位表面，用包皮革护垫的处理方法，既安全又美观，有的直接采用塑料来制作也得到儿童的喜爱和市场的欢迎。

图2

图3

图1

图4

图1　儿童桌椅
意大利设计师拉兹欧·拉斯科尼的作品

图2　儿童家具
以“猫”的形态为造形手法，构成有趣的家具造型

图3　高柜，应用打散构成手法，极具特色

图4　运用几何形组成模拟人形的书柜设计

图1

图2

图3

图1　儿童房系列家具，色彩变化多样，但却整体谐调统一

图2、图3　多功能儿童家具，多采用实木，环保效果较好

图1　多功能儿童床，适应儿童的特点

图2　儿童座椅，采用柔美的弧线形设计，安全性佳

图3　学生写字桌与电脑桌

图4　具有特色的双人沙发

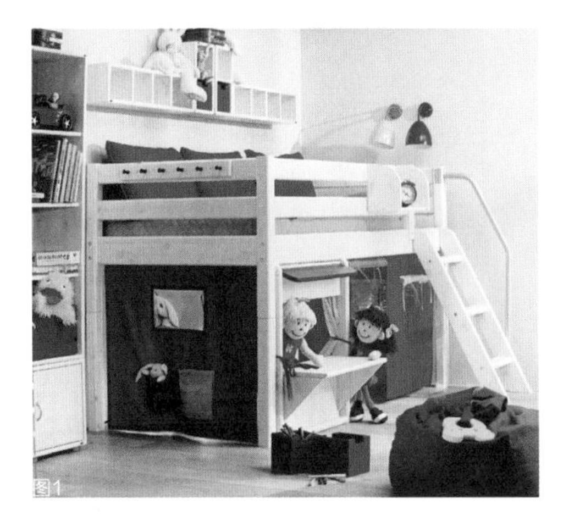
图1

图2

图3

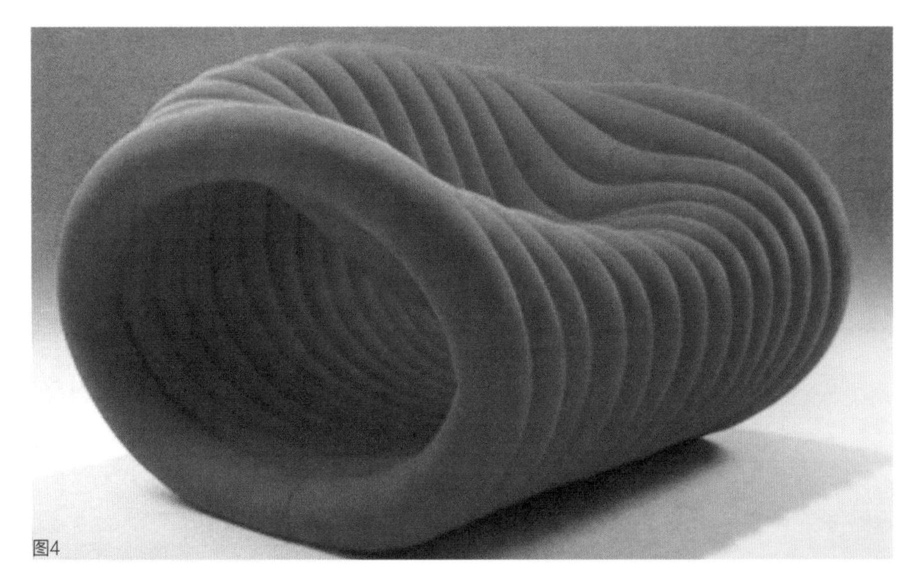
图4

2. 客厅家具构成设计

客厅是家庭中的共享空间，具有会客、休闲、娱乐等多种功能；同时也是家庭中的一个展示空间，一些装饰品，常常摆放在客厅家具中，体现出家庭主人的爱好及生活情趣。

客厅家具主要有组合家具、视听多用柜、沙发、茶几等。

（1）组合家具

组合家具是现代居室常用的一种陈设形式，它具有功能性强、造型多变的特点，根据使用功能不同和居室空间大小可进行多种形式的组合。组合家具由不同单体家具构成，分上下组合和左右组合或上下左右组合等多种形式。

组合家具设计要根据使用功能来确定不同的构成形式，构成中又分为封闭空间和开放空间、半开放空间。封闭空间是指家具上有门、抽屉遮挡，而开放空间前面没有门和抽屉，空间是完全外露的，而半开放空间是用透明的玻璃门遮挡内部空间的一种形式。

图2

图3

图1

图4

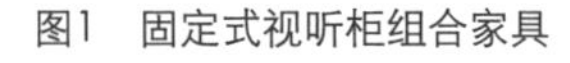

图1　固定式视听柜组合家具

图2　分体式客厅组合家具

图3　实体与虚体相间组合柜，既储物又具有装饰性能

图4　客厅沙发套式组合

封闭空间可遮光、防潮、防尘，适于陈设一些衣物和一些贵重物品或杂品，而开放空间、半开放空间适于陈设一些外形美观、有欣赏价值的装饰品，在设计中要区分好封闭空间、开放空间和半开放空间的关系。

根据人体工程学的要求，开放空间一般适合在400mm～1550mm，这一高度空间利用率最高，摆放装饰品也是在人的视觉最佳位置，设计时要把这三部分空间从整体上组织好，按照形式美法则要求，要有高低错落、大小变化的平衡关系，这样可求得组合家具生动、灵活的视觉效果。

（2）组合家具的形体

组合家具比较常用的形体多为不同的矩形构成。完全使用矩形，会给人产生一种呆板、僵硬的感觉，为了避免这一现象，可采用切割形式来改善，在矩形左右或上下或前后用平面切割、曲面切割等方法，使形体边角部分形成斜边形、圆边形，前后有凹凸，这样切割后可使家具造型、层次丰富，富于变化。

（3）视听多用柜

既有摆放电视、音响的功能，又兼有摆放书籍和装饰品的多种功能。视听多用柜功能多、用途广，可根据客厅空间大小及主人用途来确定高低大小。

大的多用柜高度可接近室内层高，宽度和室内墙体一致，小的多用柜高度在600mm左右、宽度2000mm左右。

视听多用柜的设计多采用高低相结合、前后有层次的构成形式，这样可使室内空间气氛活跃。视听柜设计采用玻璃门及玻璃搁架形式比较多，便于观赏一些陈设的装饰品。视听多用柜色彩以简洁为佳。摆放电视机的高度应与人坐在沙发上视线的高度平行为宜。

图1　电视柜简洁、明快的造型设计

图2　多功能单件组合柜，虚实相间，高低错落富于变化

图3　多功能电视柜

（4）沙发构成设计

沙发是客厅中必备的家具，它既满足人们休息和交谈的需求，又起到装饰美化客厅的作用。沙发分为单人沙发、双人沙发、三人沙发和转角沙发。其中，从材质上分，又有布艺沙发和皮制沙发。

沙发座位的高度一般在320mm～430mm，深度在480mm～580mm，单人沙发座面宽度一般为460mm～600mm，双人沙发座宽为1000mm～1200mm，三人沙发座宽为1500mm～1800mm。

沙发靠背高度以入座时人体肩胛骨下部舒适为宜，最高不要高于1000mm，沙发扶手上沿离地面高度一般在480mm～580mm，靠背与座位的倾角在98°～112°，扶手距座面高150mm～280mm，靠背的厚度在180mm～240mm，真皮沙发的尺寸一般比布艺沙发要大一些。

图2

图1

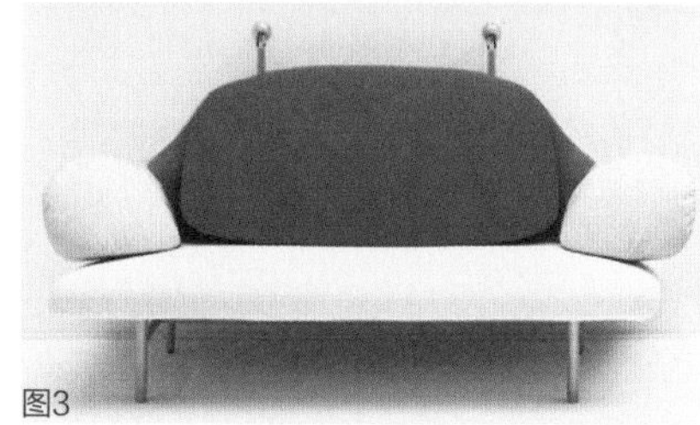

图3

图4

图5

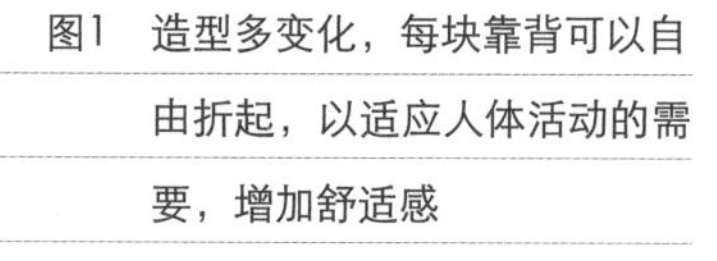

图1 造型多变化，每块靠背可以自由折起，以适应人体活动的需要，增加舒适感

图2 可调式靠背高度沙发

图3 沙发由四块形体相组合，靠背上有两根金属杆装饰，如同螃蟹的眼睛，很抽象

图4 双人沙发简洁舒适

图5 意大利设计师发布里琦奥·巴拉提尼的作品（这款沙发如同一块床垫，根据需要可往上折起作为靠背，颇有随意感，很有创意）

图1

图2

图3

图4

图1　配套单人沙发椅，便于人的休息

图2　沙发设计，座位选用三角形，很别致。在沙发造型中是少见的

图3　这款沙发造型如同一件立体雕塑既实用又是一件艺术品，非常有动感

图4　以扇形为元素设计的多人沙发

图1

图2

图4

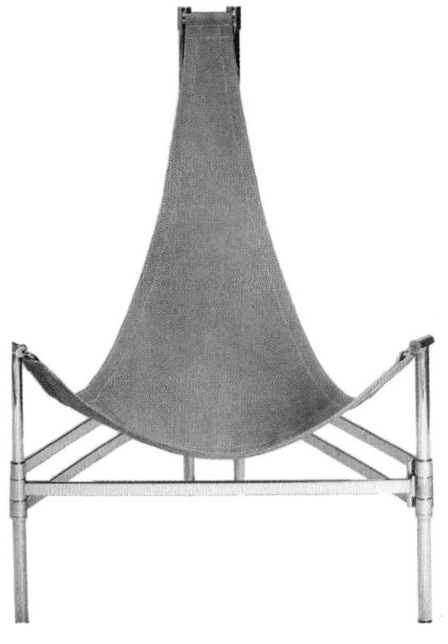

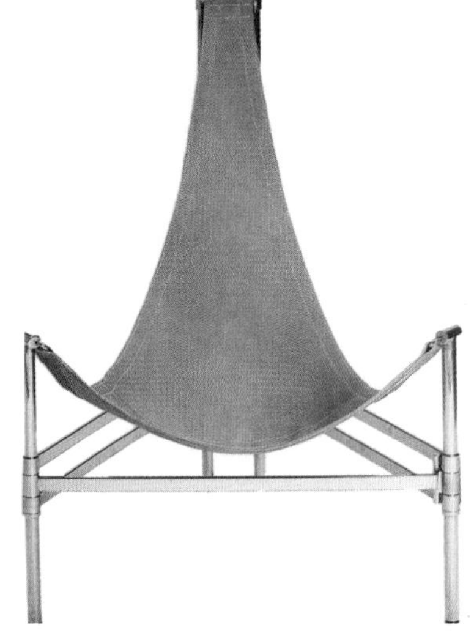

图3

图5

图1　竹编沙发，体形庞大，通透性强

图2　沙发造型如同一架钢琴键盘，其排列具有韵律感

图3　帆布与铝合金相结合的沙发椅，造型简洁新颖

图4　沙发椅造型的设计如一件棉衣覆在其外

图5　沙发靠背设计具有通透感

图1

图2

图3

（5）茶几设计

客厅中有沙发便需要配茶几，它与沙发是配套使用的，它既方便人们使用，又起到丰富空间、衬托沙发的作用。

茶几的形状有方形、圆形、长方形、椭圆形、多边形等几种形式。

茶几几面用材多为木材、玻璃、大理石、人造石材等，几架一般根据几面情况来确定，常用实木、钢管、玻璃、人造板、树脂等。造型除几何形外，采用模拟手法表现也比较多。

方形、圆形茶几尺寸一般直径不大于1000mm。长方形、椭圆形茶几的长度在1200mm ～1600mm，宽度在500mm ～800mm。茶几高度一般在300mm ～480mm。茶几尺寸要与沙发尺寸相考虑。

3. 书房家具构成设计

书房是家庭成员学习、工作的空间。书房家具主要有书柜、写字台、电脑桌、座椅等。

（1）书柜

书柜的功能比较单一，是用来存放书籍的地方，根据主人的使用需求，书柜可多可少，一般都是成组来摆放的，两件、三件、四件为一组排列。有的书柜与写字台、电脑桌组合在一起形成一个整体。家庭用的单件书柜尺寸规格一般高1800mm ～2200mm、宽800mm ～1200mm、厚350mm ～450mm。

书柜构成设计可作开放空间或半开放空间来处理，实体和虚体相结合的表现形式。

图1　欧洲古典沙发一

图2　欧洲古典沙发二

图3　高低错落的沙发，具有豪华感

图1　线面的结合，红色与黑色，对比极具现代感

图2　书橱造型根据阁楼空间来设计

图3　用来做隔断的书橱，可两面使用

（2）写字台构成的设计

写字台是书房必备的家具，家用写字台造型比较简洁，线条明快流畅，尺寸一般多选用宽1200mm、深600mm、高780mm为宜。

图1

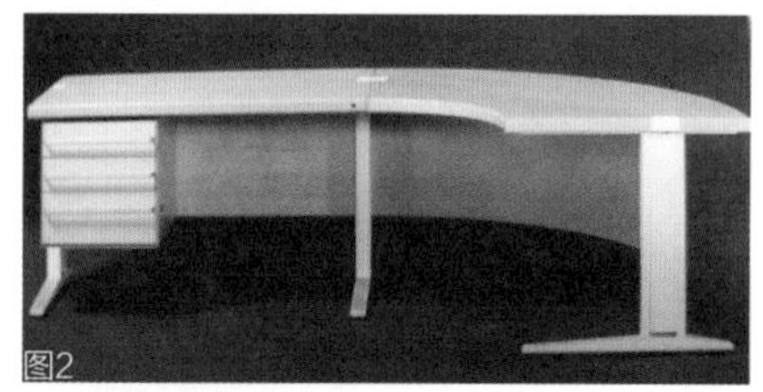
图2

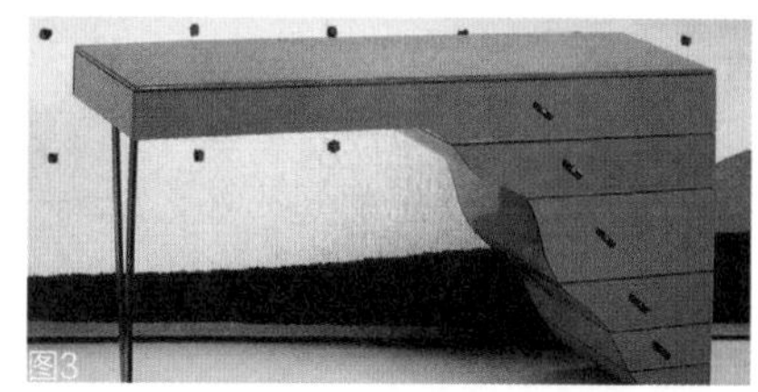
图3

图4

图1　贯穿式写字台与柜的组合，边缘支撑部分强调了对比变化

图2　转角写字台

图3　写字台设计采用流畅的曲线，渐变的抽屉别具特色，曲线和直线的优美结合

图4　书橱造型根据阁楼空间来设计

4. 餐厅家具构成设计

餐厅是家庭成员就餐的空间，使用率较高。设计中要求餐厅家具形式简洁、舒适、明快，其家具主要有餐桌、餐椅及餐柜等组成。

餐桌形式有方形、圆形、长方形等，餐桌的大小要根据用餐人数和餐厅空间面积来确定，一般方形桌规格800mm×800mm，圆桌直径为1000mm，长桌为 1200mm×800mm、1400mm×800mm、1000mm×1600mm、高度800mm。餐椅座面前宽后窄，常为前420mm、后400mm上下，高420mm～440mm，后背高一般在300mm～650mm。有的异型餐椅后背高达1000 mm以上。

餐椅的高度要与餐桌高度配合得当，空间小的餐厅不宜使用靠背过高的餐椅。

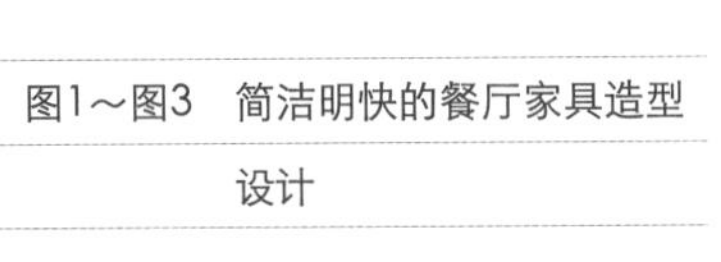

图1～图3　简洁明快的餐厅家具造型设计

图1

图2

图3

5. 厨房家具构成设计

随着人们生活水平的提高，现代新型厨房家具及设备开始走进家庭，替代了传统厨房家具，使烹饪环境越来越整洁和方便人们的操作。厨房是家庭中烹调及配餐、储存、洗涤食物的重要生活空间，有的厨房还兼有餐厅的功能。

厨房家具构成设计应考虑到烹调、储、洗的多种功能。厨房家具一般由低柜和吊柜、高柜构成，低柜包括洗涤柜、灶柜和储物柜，低柜规格为高度为700mm～760mm，深度为400mm～500mm。

厨房家具宽度按照空间的大小，可做成L形、U字形和双排形、单排形，台面一般用大理石、人造石、防火板、金属板等材料。

吊柜高度为600mm ～1000mm，吊柜底距离地面净空应在1400mm ～1600mm，吊柜厚度250mm ～350mm。

抽油烟机与灶台净空距离为600mm～800mm。

高柜一般为较大的储藏柜，有的把冰箱置入其中，高柜高度与吊柜上下相连，宽度有一门宽和两门宽，可根据需要来选择。

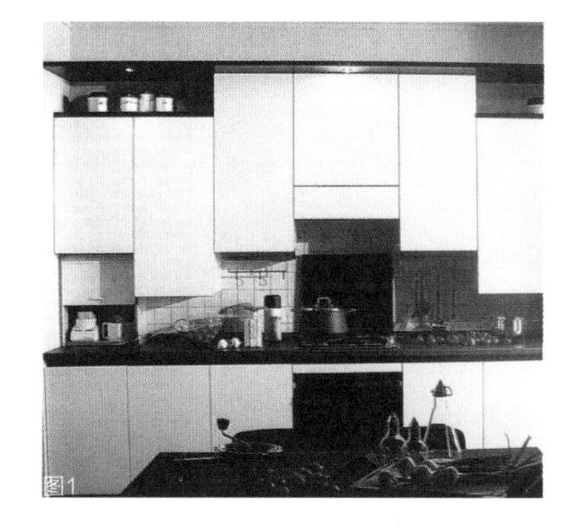

图1　相同体块、上下错落的橱柜设计，增加了空间的使用率和活泼感

图2　大体块与线的组合形成对比和谐的表现特色

二、办公空间家具构成设计

随着我国家具业的不断发展，办公家具的款式由过去单一的桌、椅、柜逐渐发展为套式及系列形式。家具结构功能不断趋于合理完善，在人们提高工作效率的同时，办公家具的品质越来越精良，办公环境及企业形象也进一步得到了改善。办公家具构成设计要体现现代办公方式的需求，结构、款式在确保使用功能的前提下，造型设计要突出时代特色。

1. 办公家具的类型

办公家具主要分为：办公桌、会议桌、文件柜、办公椅、沙发、茶几、屏风等。

2. 办公空间家具构成设计

（1）办公桌

办公桌是办公室不可缺少的家具。它的规格多种多样、大小不一，可根据不同单位的具体情况和办公空间的大小、要求来确定。办公桌的高度一般在760mm ～800mm 之间。办公桌的样式有：直线形、曲线形、L形、U形。

直线形是传统写字台最常见的一种形式。其中，有单柜式和双柜式两种，双柜式为了求得变化，一面设计柜门，一面设计抽屉。

曲线形办公桌较直线形多了一些弯曲弧度，看上去比较优美。而一般公司老板使用L形、U形台面较多，这种款式是在主台面下方加了一至两个矮柜，增加了工作空间的使用率，具有实用性强的特点，办起公来更便利。最大的台面有宽1600mm～2600mm，高800mm，台面进深为600mm～1000mm，转角处矮柜面宽600mm×1600mm，高500mm左右。 这种办公桌一般为拆装

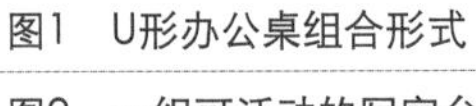

图1　U形办公桌组合形式

图2　一组可活动的写字台柜，使用起来很方便

图3　L形写字台设计

图2

图1

图3

式，设计中要注意体量感，台面要有厚度，装饰要简洁明朗、大方流畅，同时，设计时还应设计出连接电信设备暗藏管件的位置。

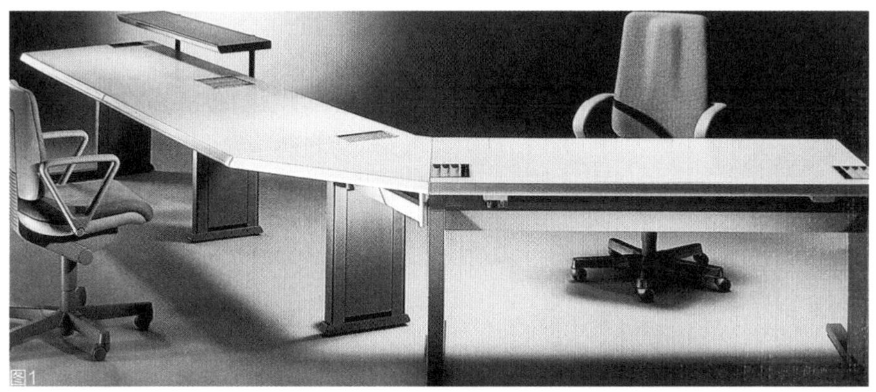

图1 双人错位相对的办公桌，既有相对空间，又便于信息交流

图2 L形办公桌

图3 可转动的写字台面，能改变办公时的方向

图4 十字隔断形式，是团队办公组合形式

（2）会议桌

会议桌应根据参加会议人数和会议空间的大小来确定，一般分为单件面板式、组合式两种。一般小型会议多用单件面板式，大型会议多用组合式。会议桌的造型要简洁，台面厚度应与会议桌的大小比例相谐调，过于单薄的台面会显得缺少分量感。有的台面下部另多加一层搁板是为了开会人员放置一些临时物品，但注意与台面距离不要过大。组合式会议桌采用分体组成，中间可设计凹凸造型，用于摆放花盆等装饰。

（3）文件柜

文件柜顾名思义是用来存放文件的橱柜。现代日常办公中是不可缺少的一类家具。文件柜用铁皮材料制作的较多，其特点是结实、简洁、耐用。文件柜外形根据摆放空间位置的不同分为高、低两种造型。高文件柜又有整体式和分体式两种。整体式设计有封闭　和半封闭半开放式，玻璃门有平开和推拉两种，比例一般在1800mm×900mm，深度在400mm～450mm。小空间为了考虑使用功能，可在柜上面再加一层。低文件柜用于有隔断的办公室较多，文件柜内部结构空间根据使用功能来确定，要求其隔板可活动变化。

随着办公家具的发展，现代文件柜的款式及功能在不断地朝着智能化方向

图1　简洁明快的办公座椅

图2　转椅

图1

图2

图1

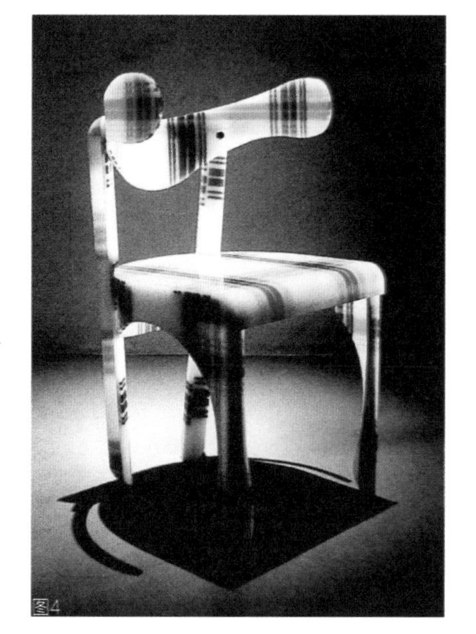

图4

图2

图5

图3

图6

图1　金属椅面与线的表现形式

图2　山形椅

图3　透空字母组合设计的椅子

图4　模拟抽象形椅子

图5　小型金属转动椅

图6　折面字母座椅

图1 极具动感的椅子

图2 透空眼状靠背椅

图3 以线为设计元素几款表现形式

上发展，以适应现代办公的要求。

（4）办公椅

办公椅是办公空间不可缺少的家具，根据不同工作环境、不同公司的性质，办公椅的款式又有所区别。设计中要依据人性化、科学化，舒适性的要求，以提高工作效率为目的来进行设计。

办公椅座高按照国家标准一般为400mm ～440mm，座面一般都是前宽后窄，前高后低，并有5° 倾角。办公椅靠背高度没有固定的模式，可根据不同办公椅的风格要求来确定。座面宽在350mm ～580mm，座深在350mm ～580mm。扶手椅的扶手离座面高200mm左右，两扶手间距离不小于460mm。椅子腿部造型设计很重要，设计时首先要考虑座椅的承重力及稳定性、安全性。其后，要考虑椅子造型美，造型要有创意，要具个性化及时代特色，起到美化环境的作用。

（5）办公隔断

办公隔断是可以把大空间分隔成符合办公用途的小空间的一种家具。它是随现代团队办公的发展而出现的一种新形式，它便于员工之间、各部门之间的互动沟通，传递信息。隔断框架一般用合金、塑料、塑钢以及木材加工制作。隔断的面层使用贴面板、布料、玻璃等材料来装饰。隔断布局形式有直角、圆弧、T形、十字形连接围合方式。

隔断高度一般在1100mm ～1200mm。既能保持个人区域办公空间的私密性，使其不受外界视线干扰，又方便员工间的信息传递，隔断上部可用玻璃或通透的形式来设计。

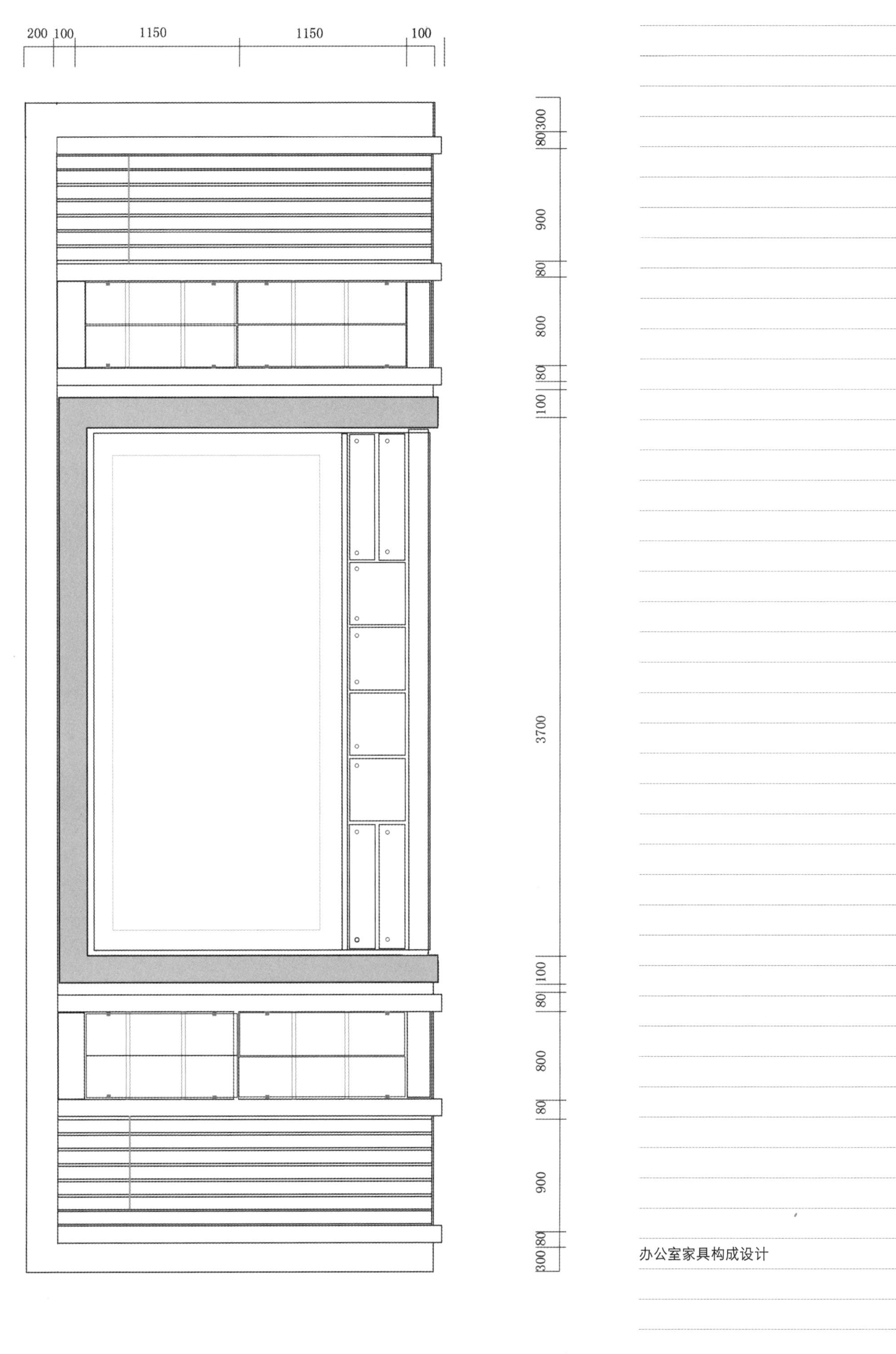
200
100
1150
1150
100
300
80
900
80
800
80
100
3700
100
80
800
80
900
80
300

办公室家具构成设计

第 6 章　家具构成设计程序

一、家具构成设计概念的确立

设计概念是家具设计雏形构思的开始阶段，是由感觉转化为理性认知的过程。不同的家具造型有不同的设计概念，了解其内涵有助于设计的展开，也是家具设计成功的保证。

在设计家具前，首先需要对家具构成要有一个充分的了解。家具构成是由材料、结构、比例尺寸、制作工艺、功能、风格、形式美以及环境、使用人群等多方面概念因素组成。所以，设计者要掌握各学科方面的知识和技术，为家具设计打下坚实的基础，设计出高品质的家具造型。

1. 设计中的功能概念

家具是为人们生活、学习、工作提供方便的器具，其功能性是设计的出发点，无论怎样设计都要符合功能的要求。床的高度过矮和过高，人坐在上面都会感到不舒适；储物家具的厚度如果过薄，则储藏不了过多的物品；陈设家具如果过厚，就显得笨重；写字台面过窄，人使用起来会感到不方便，功能概念决定了家具造型设计的成败。所以，在家具设计中要符合人体机能，达到使用的目的。

2. 设计中的视觉概念

家具设计是由点、线、面、体构成的，是纯粹从形态的角度去研究人们的视觉心理感受，研究不同人群对家具构成的使用要求，把握家具构成规律，充分体现设计中的视觉概念，来满足不同人群的需要。古典家具适宜年龄偏长者的视觉心理；简约家具适宜青年人的视觉心理；视觉需求形成了家具构成的基本要求。

图1

图1 这款蛇形造型的椅子概念明确，在室内营造出一种动感态势，既能当桌也能当椅，很适合幼儿园的室内空间

3. 设计中的空间概念

人们在使用家具的过程中总是处在一定的空间环境下，家具与周围环境有着必然的联系性。家具用于什么空间，在什么环境下使用，也是设计者应考虑的一个因素，空间的大小、家具的数量、空间的氛围都与家具有一定的影响，了解和把握空间环境，才能设计出与环境相适应的家具造型。

4. 设计中的地域概念

由于地域的差别，人们在文化、习俗、生活方式和审美情趣上也都有着很大的区别，在家具构成形式上，这种体现尤为突出。20世纪出现的“国际风格”家具曾经引领现代家具的走向，之后逐步发展到越是民族的就越是世界的，并且这种特征越来越显著，地域概念充分体现了人们的个性需求。

5. 设计中的时代概念

社会在不断地向前发展，家具设计随着社会的进步和科学技术的提高也在不断地更新，设计者要跟随时代发展的潮流，掌握每一时期家具设计的发展趋势，了解新时期设计理念及新材料变换，随时走在设计的前沿，设计出适应新时代的家具造型。总之，在家具构成设计中，对设计概念多元性的确立非常重要，要牢记设计概念中的主导性，努力表达符合设计意图的设计概念。在设计中要灵活掌握现代设计理论知识，既能体现单一的设计概念，又能融合多元概念因素，创造出具有时代特色的新型家具，以此来丰富人们的生活。

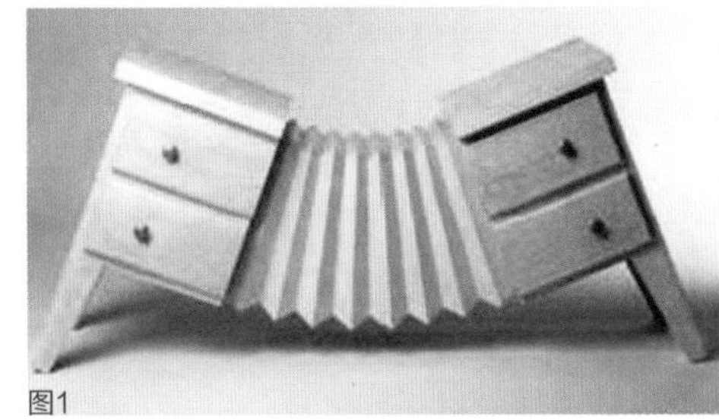

图1

图2

图3

图1　造型如同风琴一样的家具

图2　双门小柜

图3　小装饰隔架，不同方向线的应用增强了运动感

二、家具构成设计的程序

设计是一种创造性活动，在做任何创造之前都要有一个了解和准备的过程，这个过程就是我们在设计前的创意启示，是家具设计的成功保证。

1. 了解市场，确立设计定位

在开发一款新家具造型之前，首先要对家具市场信息做全面的调查研究。通过走访家具市场，参加家具博览会和在网上做调查研究，了解掌握当前家具款式及材料工艺。其次，对家具卖点进行调查，看看哪类产品受消费者的欢迎，以便在设计前明确设计方向，找准设计定位。家具款式标志着一种风格的具体体现，反映设计者的一种设计思维方式。如果定位不准确，造型没有特色，那就很难投放市场，很难使生产者获取更多的经济效益。

明确家具设计的定位是家具设计中很重要的一个方面，它是设计构思的初步，是为新产品开发做准备的前提。

2. 设计视觉化展开

运用正确的思维方式、科学的程序及工作方法，是设计工作开始时最重要的一个环节。设计的形成，需要大量地收集和积累素材，了解国际家具发展动态与新工艺技术信息，吸收前人优秀作品中好的经验，不断从自然形态多方面去吸取营养，各种要素通过综合归纳，在满足功能、材料、经济和视觉审美要求的基础上，以图纸的形式表达设计者的设计意图，从构思到形成初步的概念草图，要经过设计者反反复复地推敲，不断地调整才能获得。

3. 草图方案设计

草图是设计者在明确设计定位后，由逻辑思维向形象思维转变的过程，把设计者的构思用草图形式勾画出来。一件成功的家具设计，要经过反复比较、推敲、绘制大量草图方案，从中选出比较满意的设计，整体草图确定后，再进行局部草图设计。总之，草图设计要在符合功能的前提下，充分发挥设计者思维想象能力，随心所欲地把自己头脑中的想法表达出来，形成草图方案。

图1

图1　沙发草图示意

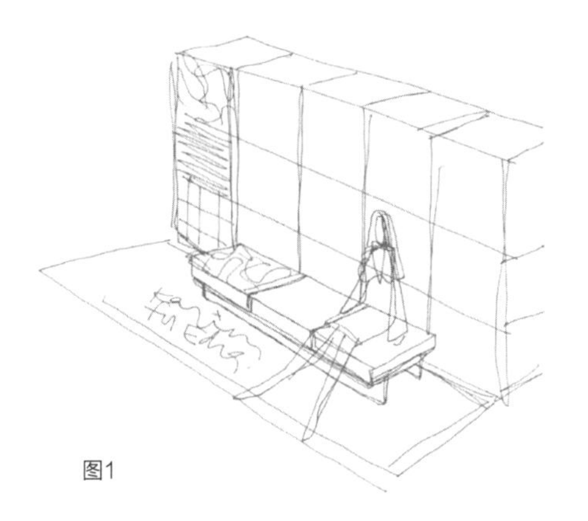

图1

图4

图2

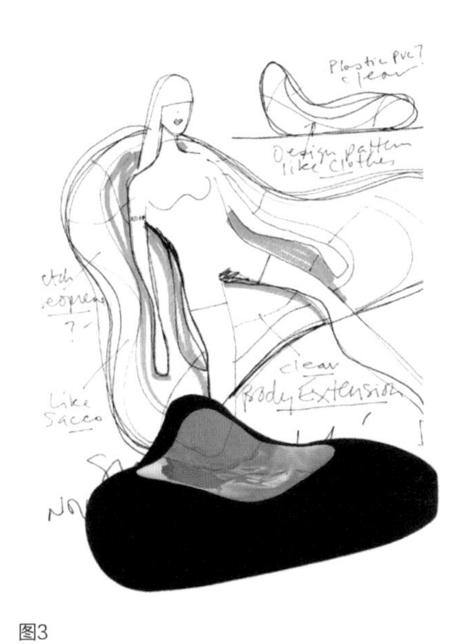

图3

4. 绘制三视图和效果图

在经过市场调研、收集素材、确立设计定位、完成草图方案后，接下来就要进一步绘制三视图和效果图。三视图和效果图在家具设计中是不可缺少的内容。

① 三视图：是按照比例以正投影法绘制的正立面图、侧面图和俯视图。

画三视图要严格按照比例完成，体现出家具造型的体型特征，反映出家具的结构关系和使用材料，为产品制作确立准确的比例尺寸。

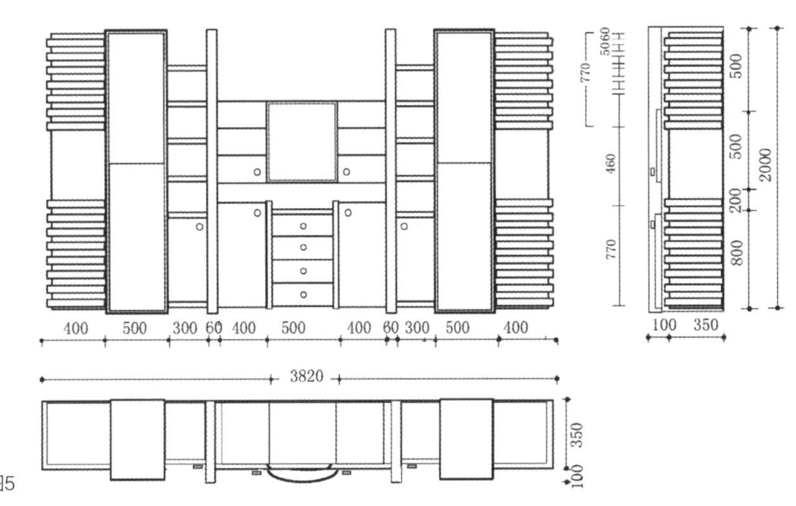

图5

图1～图3　设计草图示意

图4　根据草图方案完成效果图

图5　组合家具，三视图表现方法及尺寸标注

②效果图：具有高、宽、深三度空间，通过绘制效果图，比较直观地再现家具造型效果，为加工制作提供方便。表现效果图，可用黑白线描表现，也可用色彩表现（麦克笔和电脑表现）。在表现效果图中，要注意家具透视的角度，可运用平行透视和成角透视来完成。同时，注意区别色彩明度关系及不同表现方法的运用，使家具效果更具有直观性。

5. 制作模型

为了使家具设计更接近于真实效果，结构更加清晰，更便于进行研究、推敲，以改进设计中的不足、方便加工制作，可按照比例缩放方法制作成家具模型。制作模型可根据条件，选择1：5、1：10、1：15等比例大小来制作。通过模型效果来验证家具使用功能、结构、比例尺寸、材料应用、色彩搭配等多方面的合理性，以便能够及时发现问题，及时提出修正方案，及时解决问题。这些都要在模型制作过程中来发现，如果制作的模型比较完美，没有什么改进的地方，就可以根据模型来投入生产。所以，模型是家具生产的依据。

制作模型所用材料，可选用木板、PVC板、有机板、铝塑板、金属、玻璃等。

图1

图1　组合家具效果图表现

附录　家具设计参考图例

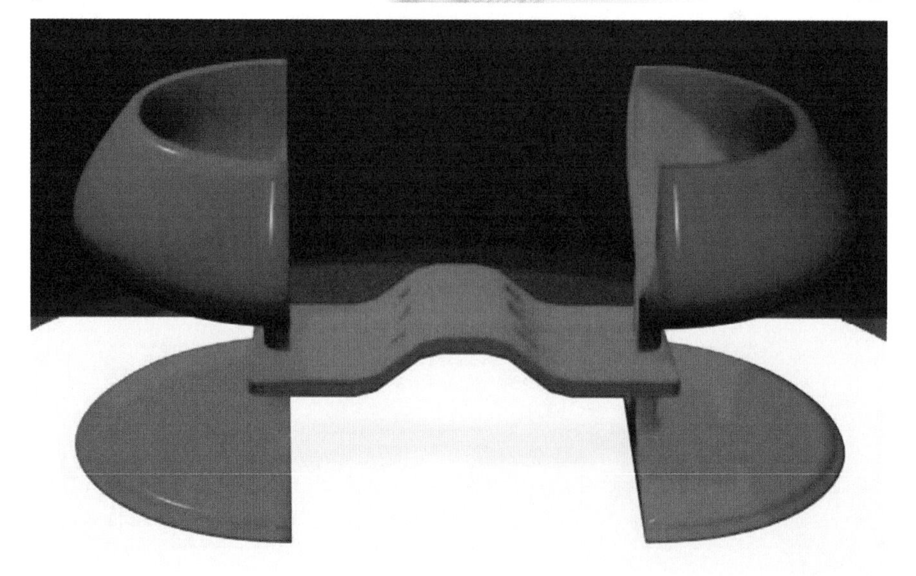

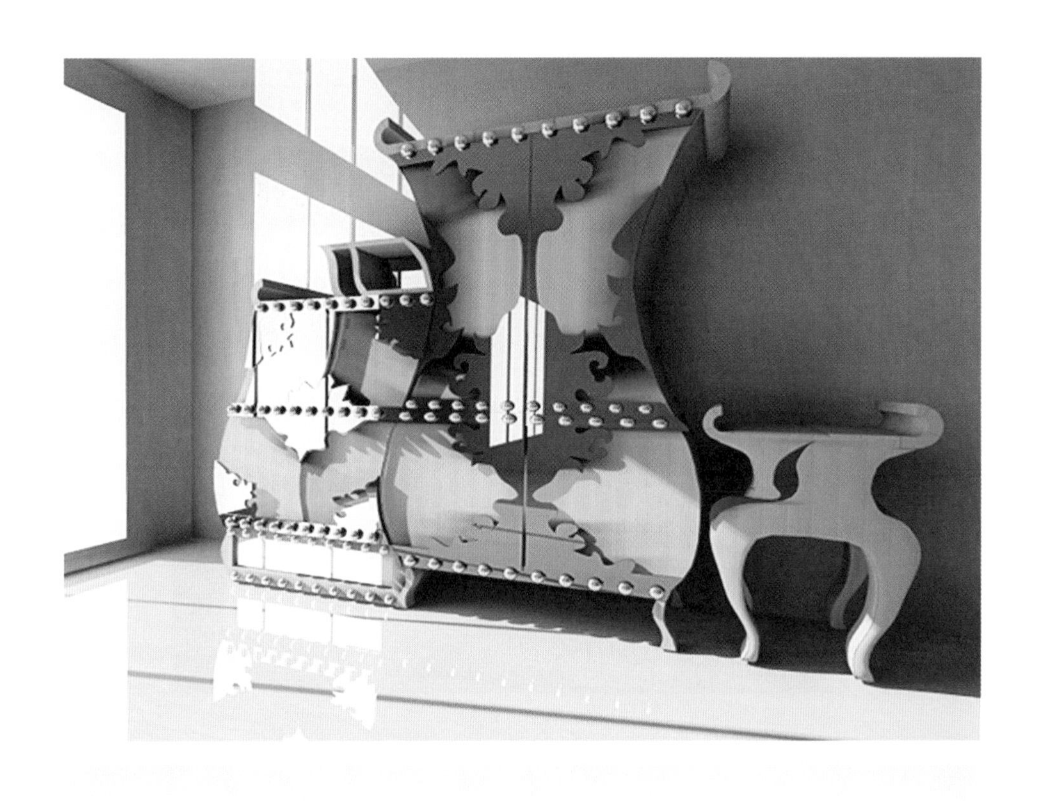

这款电视柜是以星形为设计理念。纯洁的白色和黑胡桃木的点缀与电视柜造型的搭配，简洁时尚，体现了时代感，加上背景墙的衬托增添了浪漫的情调。

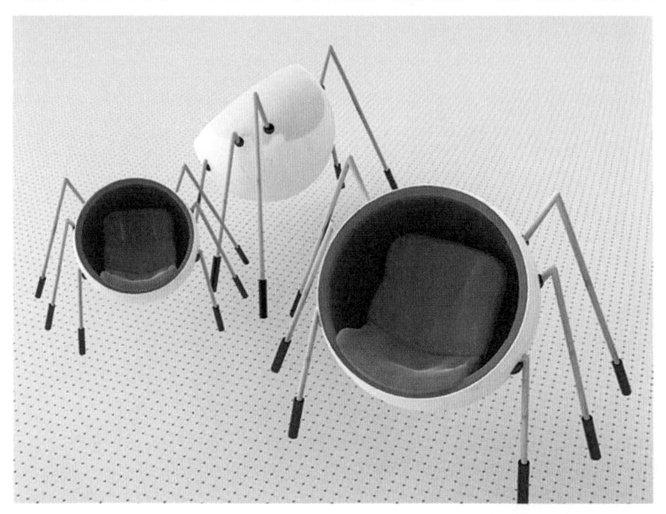

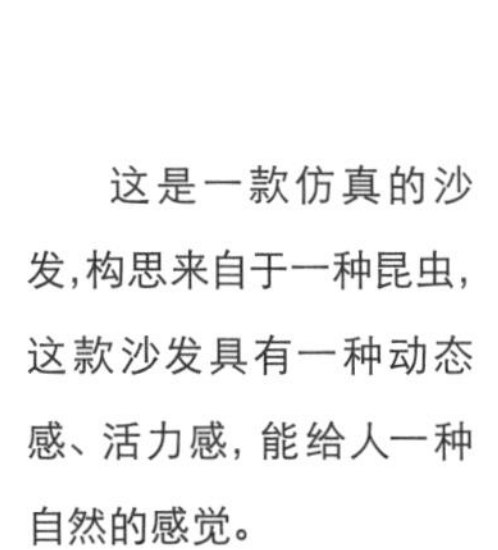

这是一款仿真的沙发，构思来自于一种昆虫，这款沙发具有一种动态感、活力感，能给人一种自然的感觉。

电视柜与陈列柜巧妙结合，简洁而实用，红色与白色对比鲜明而极具现代感，采用几何形体搭配组合“简洁大方”从而表现出客厅家具独具节奏感。

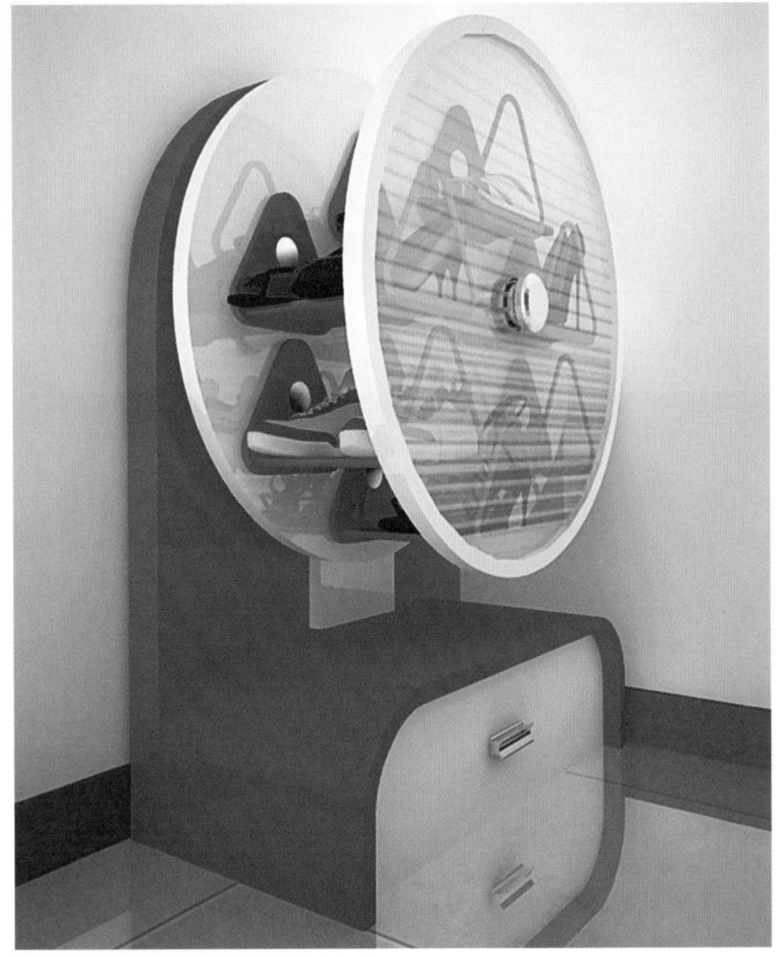

鞋柜以摩天轮为灵感来源，上圆下方的对比、红与白的搭配简洁明了。六组放鞋踏台不仅居家实用而且富有现代感，突出了其功能主义。

书柜以“墨”为主题，整体造型素而优雅，采用黑与白交错，相间明快而沉稳。

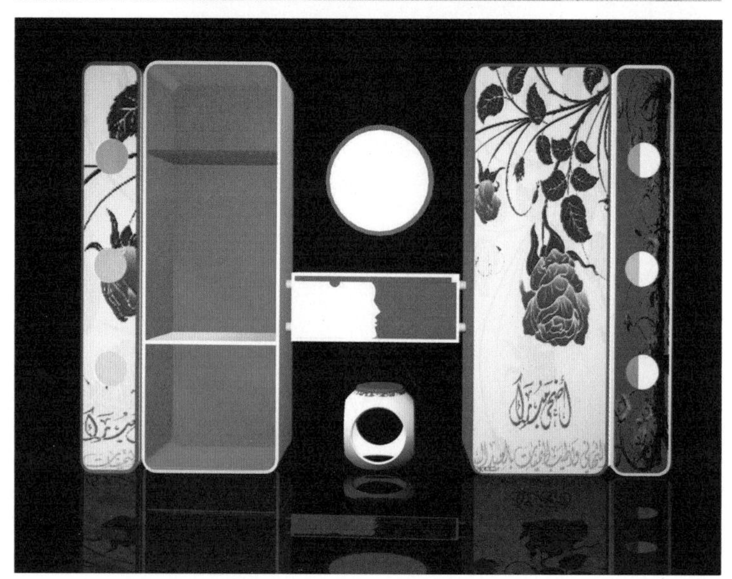